伊萨卡文库
ITHACA

当你启程前往伊萨卡,
愿你的道路漫长,
充满奇迹,
充满发现。
——卡瓦菲斯(希腊)

托尔斯泰 谈幸福

〔俄〕列夫·托尔斯泰 著
王志耕 译

商务印书馆
The Commercial Press

商务印书馆(成都)有限责任公司出品

1851年,因厌倦上流社会的空虚和无聊,托尔斯泰随同长兄奔赴高加索,以志愿兵身份参战。

1854年,托尔斯泰加入多瑙河部队,参加了克里木战争,在战斗中看到了士兵和平民出身的军官的可贵品质,加深了他对平民的同情,以及对农奴制的批判。

Leo Tolstoy

1862年，托尔斯泰与17岁的索菲亚·安德烈耶芙娜·别尔斯结婚，并完成了中篇小说《哥萨克》。在这篇小说里，他第一次提出了与贵族社会决裂的问题。

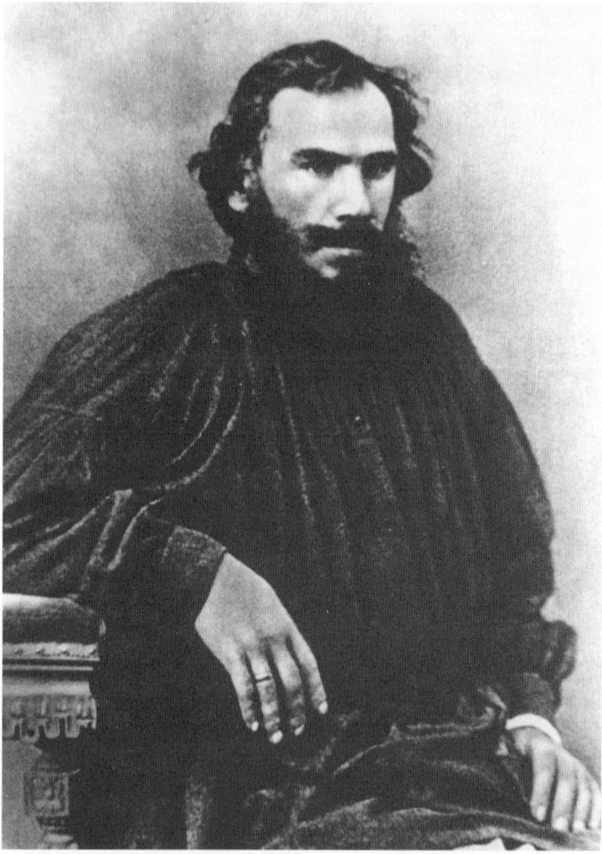

1868年,正是托尔斯泰思想的激变期,在这一年秋季,他对叔本华哲学产生了浓厚的兴趣。

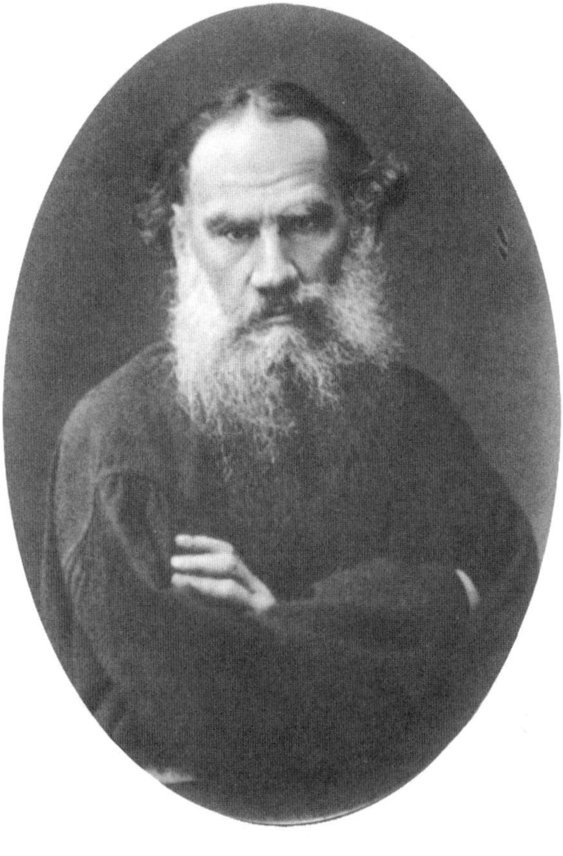

1885年，托尔斯泰已近晚年。此时，他的思想更为激进，指斥自己以前的文学作品是"老爷式的游戏"，更热衷于政论和思想性作品的编撰，本书即为他在这一时期的代表作。

1892年，亚斯纳亚波利亚纳，托尔斯泰和他的家人在公园里饮茶。

1908年，亚斯纳亚波利亚纳，托尔斯泰和他最喜爱的马。

1908年，亚斯纳亚波利亚纳，托尔斯泰在自家的住宅前。

Leo Tolstoy

1908年，亚斯纳亚波利亚纳，托尔斯泰和他的妻子。

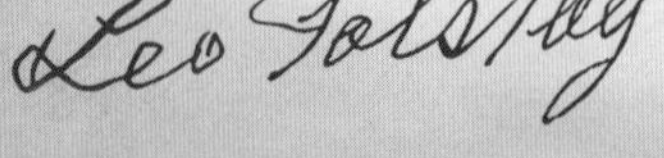

1908年,亚斯纳亚波利亚纳,托尔斯泰下棋。

1908年,亚斯纳亚波利亚纳,托尔斯泰和伊利亚·列宾。

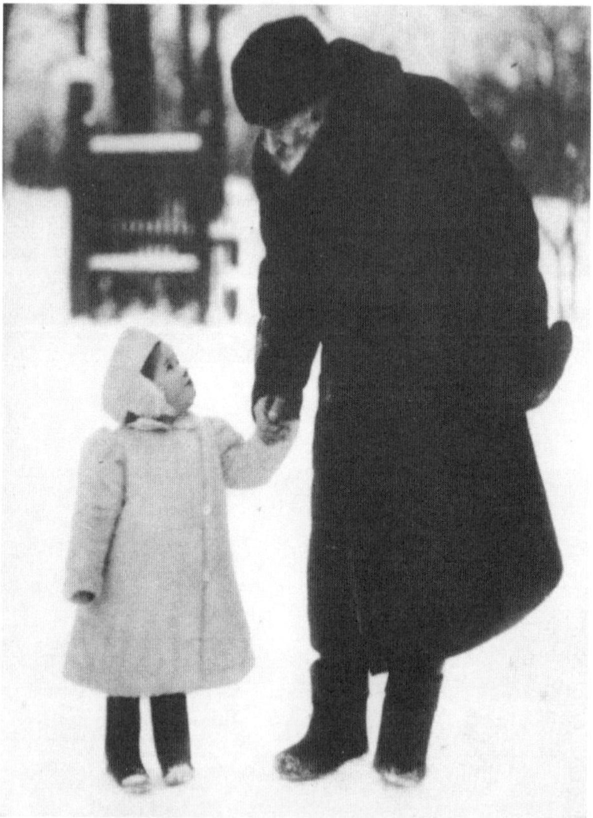

1908年,亚斯纳亚波利亚纳,托尔斯泰和他的孙女。

1909年,在村子里。

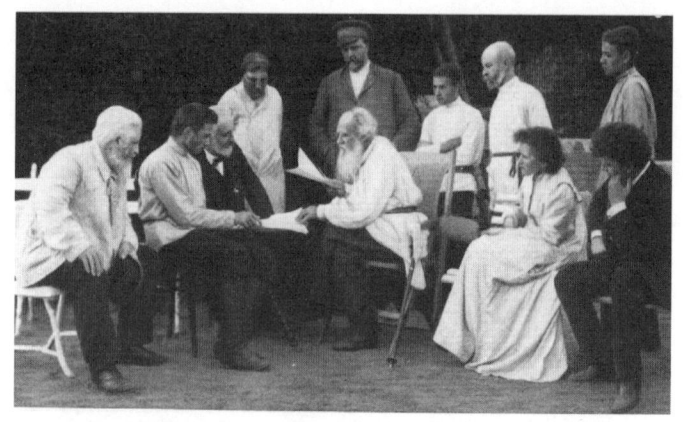

1910年6月,梅谢尔斯科耶湖。

1910年,托尔斯泰在书房。

目录

编译者序……1

1 信仰是幸福的基础……1

如果一个人生活得不好,那么这仅仅是因为这个人没有信仰……如果一个民族生活得不好,那么仅仅是因为这个民族失去了信仰。

2 良知是灵魂的声音……13

你可以摆脱任何困境,只要你记住,你不是以肉体,而是以灵魂为生。

3 真正的爱……39

人只有明白了肉体生活的脆弱与不幸,才会明白爱所赋予他的全部幸福。

4 | 幸福的希望在于努力……57
把获得拯救和幸福的希望寄托在并非个人努力的某种东西上——没有比这更使人意志松懈的了。

5 | 活在当下……73
时间是没有的，有的只是瞬间……在这绝无仅有的瞬间之中，我们应当全力以赴。

6 | 自制……89
谁最强大？——是那善于克制自己的人。

7 | 慎言……101
人独处的时候多想自己的过错，大家相处的时候要忘掉别人的过错。

8 | 生活取决于思想……115
我们可以有三条路通向智慧：第一，是经验之路……第二，是模仿之路……第三，是思想之路。

9 | 舍弃自我……133
如果人想的只是自己，并且处处都想得到好处的话，他就不可能获得幸福。

10 谦逊……155

那最能理解自己的人，必对自己最少敬意。

11 面对真实……169

我们每个人爱真理都胜于爱谎言，但在事关我们的生活时，我们却常常宁可信谎言……

12 苦难显现生活的意义……187

正如只有夜幕才能显示出天上的星辰，只有苦难才能显示出生活的真正意义。

13 死亡……205

你要是怕死的话，那么想一想，假如你必须永远像你现在这样生活下去的话，你会感觉怎么样？

14 死后……227

谁也不知道死是什么，然而，所有人都怕它，把它看作莫大的不幸……

15 生活即幸福……247

世界上只有一种幸福，我们所需要的也只是这种幸福。这种幸福是什么呢？就是爱的生活。

编译者序

大家读到的这本书是从托尔斯泰生命中最后一部著作《生活之路》中摘编出来的。原书中带有托尔斯泰本人以及那个时代的浓厚色彩,有些思想不太容易被理解,所以,我们对其加以重新编选,以便大家更清晰地领会托尔斯泰的生活观。

从19世纪80年代开始,托尔斯泰的创作热情更多地让位于思想的传播,他花了大量的时间试图把自己对人生意义的思考以更直捷的方式传达给民众。他弃绝了东正教会的种种学说,力求在恢复真正基督教义的旗帜下建立一套新的教义体系。正如许多思想家都努力使人相信其思想的深远渊源一样,托尔斯泰并不想表明这套体系是他的创建,而要让人们意识到,他的思想乃是历代哲人最优秀的思想的反映。因此,他开始通过各种途径阅读大量的文献资料,选取其中精辟的言论,来佐证他的思想理论。其次,他希望能找到一种比他此前所发表的政论更易为民众所接受的形式。在搜集文献的过程中,他读了中国的语录式哲学书籍,如《论语》的译本和德文本的《道德经》,古罗马的箴言录,法国启蒙思想家的劝谕性读物,和古代俄罗斯的一些文献,其中有一本俄罗斯正教会编纂的文选,叫作《阅读圈》。托尔斯泰由此得到启示,他在1884年3月15日的笔记中写道:"应当为自己编纂一个《阅读圈》:爱比克泰德,马可·奥勒利乌斯,老子,帕斯卡,福音书。——这对于所有人来说都是必要的。"在这个想法确立之后,十几年期间,托尔斯泰为了这个工作付出了巨大的努力。他先是在1903年出版了《哲人思想录——每日必读》,1906年又出版了篇幅庞大的《阅读圈》。这两本书都采用了日志式的语录及文选体例,以一年为周期,每日表述一个主题,但在不同的日期,主题交替出现,显得较为凌乱,它们更像是资料库式的著作。为此,在这个基础上,他开始着手编纂《生活之路》,依照专题写成31章,每一章出版一个小册子。但托尔斯泰直到逝世前才整理完全书,却没有能看到它的完整版问世。

托尔斯泰在出版单册版时有一个几句话的说明:"收集在这里的思想属于各种各样的作者,从婆罗门教的、孔子的、佛教的文献,到福音书、使徒行传,以及许许多多古代和现代思想家的著述。这些思想的大部分内容,既有译文,也有经过改编的,它们做了这些改动,使得我不便再注上作者的名字。在这些未署名的思想中最优秀的部分并不是属于我的,而是属于世界上那些最伟大的哲人。"当然,《生活之路》绝不仅是一部"编纂"之作,而应该说,这部著作正是托尔斯泰本人的思想,或者说,"托尔斯泰主义"的全面总结。关于"托尔斯泰主义",我在《生活之路》中文版的译后记中做过详细的说明。但我同时也在思考一个问题,托尔斯泰主义与我们每个人的日常生活有没有关系,毕竟托翁最初编纂此类读本还是想给普通民众看的，是要为人们的现实生活指明道路的。有人将这本书的中文书名译为"生之道"，也不无道理。如果我们从这个层面上来理解《生活之路》，那么也可以说，这本书的基本命题就是：如何克服种种人生欲望，过上幸福的生活。

下面，我试着来归纳一下托翁的思路：

1. 当我们提出让生活变得幸福这一问题时，实际上我们已经承认，我们的生活常常是不幸福的；

2. 幸福之所以成为问题，或者难题，是因为我们在现实中陷入巨大的欲望之中，人的精神追求往往被物质追求所压倒，因而堕入永远无法满足的痛苦，于是各种邪念和罪孽便占据了我们的生活，世界的恶与生活的悲剧性就是由此而来；

3. 因此，要想获得幸福的生活，就要破除阻挡幸福到来的障碍——欲望，以及由此而导致的各种邪念与罪孽，如个体性罪孽——放纵、淫欲、不劳而食、贪、怒、骄傲等，此外还有群体性罪孽，如不平等、国家暴力、刑罚、政权迷信，以及伪信仰、伪科学等。人只要破除了这些欲望与罪孽，幸福生活自然而然就会到来；

4. 那么，人怎样才能克服欲望和罪孽呢？这就需要建构以灵魂为生命旨归的价值观，要做到"舍弃自我"，舍弃自我不是像寻常所理解的那样，丧失自我意识，培养个体的奴性，而是恰恰相反，无论我们的社会身份如何，财富多寡，以及所有的世俗条件如何，我们生来都被赋予了一颗伟大的灵魂，我们有高贵的、能够独立思考的理性，有天然向善的神圣品格，只要我们意识到这一点，我们就会自觉地坚守高尚的精神追求，坦然面对各种苦难和罪恶，甚至坦然走向死亡，从而完成我们的幸福生命的旅程。

托尔斯泰的思想是在一百多年前建构起来的，当时的世界正面临着一个苦难世纪的到来，托翁预见到了这一点，所以兀自在僻远的俄罗斯乡间发出他的旷野呼告；然而，托翁的声音是孤独的，当这个世界已经被各种各样的暴力威权所绑架的时候，他的人生教义注定是悲剧性的。今天，人类已经跨越了历史上最为血腥的时代，但又跌入丧失意义的后现代境况，种种莫名的欲望笼罩了人类，幸福似乎离我们越来越遥远。因此，我们重新拣拾起托翁的学说，提醒世人，伟大的思想从不会过时，这思想的存在，就是人类得救的稻草。尽管这声音听起来仍然像托翁在世时一样渺远，但只要我们伏下身来仔细倾听，就会感受到其中震撼我们神圣心灵的旋律。

原版的《生活之路》因为是托翁建构体系之作，所以整体篇幅较为庞大，有些内容在今天看来显得不够晓畅易懂。因此，商务印书馆的丛晓眉女士建议将其拆分为两个明确的主题——"托尔斯泰谈幸福"和"托尔斯泰说欲望"——重新出版，来更为简明地向大家展示托翁的生活哲学。她为此做了整体的设计，然后由我对这本书重新进行了调整，去掉了一些意义晦涩和过于宗教化的段落，对章节顺序也重新做了编排，以使大家理解起来更方便。同时也请出于研究目的的读者还是去参考商务印书馆版的《生活之路》完整译本。如果译文或其他方面有问题，恳请读者随时给予指教。我的电子邮箱 wzhigeng@126.com。

王志耕

2015年6月于南开大学

1 信仰是幸福的基础

如果一个人生活得不好,那么这仅仅是因为这个人没有信仰……如果一个民族生活得不好,那么仅仅是因为这个民族失去了信仰。

一　真正的信仰就在于一点：爱所有的人

为了好好度过一生，必须明白，生活是什么以及在这一生之中应当做什么、不应当做什么。历代贤哲都曾教给人们这些道理，在所有民族中都有人教导如何过善的生活。这些哲人的教导在根本上都归结为一种。这种适于所有人的唯一教导就是，人的生活是什么和应当怎样度过一生，而这也就是真正的信仰。

这个从所有角度看去都无边无际的世界是什么，无论它的起点还是它的尽头，我都不知道，在这个无边无际的世界中我的生命是什么，我将怎样度过一生？

唯有信仰来回答这些问题。

真正的宗教在于让人懂得这样一个法则，它高于人类的所有法则，并且对于世上所有人来说它是唯一法则。

信仰有两种：一种信仰是相信世人所说的东西——这是对某个人或某些人的信仰，这样的信仰很多并且五花八门；一种是对差我到世上来者的信赖而产生的信仰。这就是对上帝的信仰，这样的信仰对所有人来说都是唯一的。

生活的真正法则如此简单、明确而易懂，所以，人们不能用他们不懂法则这一理由为自己龌龊的生活加以辩解。如果人们在生活中违背真正的生活的法则,则他们得到的只有一样:背弃理性。他们却正是这样做的。

有人说,遵行上帝的法则很难。这不是真的。生活的法则不要求我们别的,除了爱周围的人。而爱并不难,只有喜悦。(据格里高利·斯科沃罗达[①])

当一个人领悟了真正的信仰,他身上就会发生变化,如同一个人在黑暗的屋子里点燃灯火。一切都会变得明亮,而心灵就会变得欢乐。

"你们要彼此相爱,就像我曾爱你们的那样,这样众人就会认出你们是我的门徒,如果你们彼此互存爱心的话。"——基督说。[②] 他不是说:如果你们"信奉"这或那,而是说如果你们"相爱"。——信仰在不同的人身上和不同的时代也许是不同的,但是"爱"在所有人心中都始终如一。

真正的信仰只有一个——对一切有生命者的爱。(科尔多瓦的易卜拉欣[③])

[①] 格里高利·斯科沃罗达(1722—1794),乌克兰哲学家,诗人,反教权主义者。
[②]《约翰福音》13:34—35。
[③] 科尔多瓦的易卜拉欣(10世纪),西班牙阿拉伯裔作家。

二 信仰引导人们的生活

人只有做他认为符合生活法则的事,才真正懂得生活的法则。

每一种信仰都不过是一种答案:我在尘世中怎样做才不是为他人、而是为那差我到世上来者而生活。

在真正的信仰中重要的不是对上帝、对灵魂、对发生过和将要发生的事做一番宏论,重要的只有一点:深知在此生之中应当做什么和不应当做什么。(据康德)

如果一个人生活得不好,那么这仅仅是因为这个人没有信仰。就各民族来说也往往如此,如果一个民族生活得不好,那么仅仅是因为这个民族失去了信仰。

人们的生活往往有好有坏,这仅仅取决于他们怎样去理解生活的真正法则。人们对生活的真正法则理解得越明确,他们的生活就越好,而他们对这个法则理解得越含混,他们的生活就越坏。

为了使人们走出他们如今身陷其中的罪孽、淫逸和困苦的泥淖,只需要一点:即需要一种信仰,这种信仰可使人们不会像现在这样只为自己活着,而是让所有人都为了同一种生活而活着，让所有人都遵奉一种法则和一个目的。只有这样，人们在念诵对主的祷词"你的国将降临尘世，如在天国"时，才会期盼着上帝的国必将降临尘世。（据马志尼[①]）

如果一种信仰教给人们说，为了获得永生必须摈弃现世的生活，那么这就是伪信仰。人不能为了永生而摈弃现世的生活，其所以不能是因为在现世生活中已存在永生。（《往世书·筏摩那》[②]）

一个人的信仰越强烈，他的生命越坚强。人的生活没有了信仰就成了动物的生活。

三　伪信仰

不应该相信任何教义，如果它与爱上帝及爱他人的法则不相符的话。

不要认为，一种信仰之符合真理，乃是因为它存在已久。相反，是人活得越长久，真正的生活法则才在他们心目中变得越明确。如果你认为——我们如今应该相信我们的祖祖辈辈所相信过的——这就如同认为，等你长大了，你穿上孩提时的衣服就正合身了。

[①] 朱塞佩·马志尼（1805—1872），意大利复兴运动民主共和派领袖。
[②]《往世书》，印度以记载人物兼及史述的一类文献通称。筏摩那（侏儒）为印度教神祇毗湿奴的化身之一。

在所有民族中总是有这样的人,他们暗自说,只有他们才懂得上帝的真正法则。这些人为了证明自己的话,总是煞有介事地讲述那些上帝的奇迹,并说由此可见,他们所教导的那种法则就是真正的上帝的法则。除此之外,这些人还把他们的这种法则写进书里去,让人们相信,这些书里的每一个字都是真理,因为这些书是上帝亲自授意和亲自写成的。

这些都不是真的。上帝的法则并非只昭示给某些人,而是对每个人都不偏不倚,只要你想懂得它。奇迹从不曾有过,如今也不存在,一切有关奇迹的故事都是虚构的。而那些所谓每一个字都是真理并由上帝授意的书也不是真的,所有的书都出自人手,并且在每一本书中都可能存在有益的,或有害的,真的,或假的东西。

我们常常为不能信奉我们的父辈所信奉过的而伤心。我们应该做的不是为此而伤心,而是努力为自己确立一种信仰,我们应该能够坚定地信奉它,就像我们的父辈曾经信奉他们自己的那样。(马蒂诺①)

一个人要想懂得真正的信仰,首先必须暂时放弃他所盲从的那种信仰,并用理智去检验他从儿时起就被教会的那一切。

一个住在城里做工的人完工后动身回家。出城的时候他遇到一个过路人。那过路人说:"咱们一起走吧,我也去那儿,路

---

① 马蒂诺(1802—1876),英国女作家,社会、经济及历史学家。

我很熟悉。"做工的人信以为真,两个人便一起上了路。

走了一个小时,又一个小时,做工的人觉着这条路不是他进城来时的那一条。

于是他说:"记得不是这条路啊。"可那过路人说:"这就是那条最近的路。相信我,我很熟悉。"做工的人听了他的话,跟着走下去。可是越往前走,路就变得越糟糕,行走越艰难。做工的人把他挣来的东西全都用光吃净了,还是没有家的影子。但是他越往前走,就越发相信,并且快到尽头时他已深信不疑,这就是那条路。其实他这样想只是因为他不愿意再走回头路,并一直希望,沿着这条路就会走到家。做工的人在迷途之上越走离家越远,陷入了长久的困顿之中。

那些不听从自己心灵的声音,而只是相信别人嘴里有关上帝及其法则的话的人,其情形也往往如此。

真正的信仰并不在于相信奇迹、各种宗教仪式和活动,而在于相信适合于世上所有人的那种法则。

对于真正的信仰来说,并不需要任何殿堂、装饰、颂诗以及群众聚会。相反,真正的信仰只有在宁静和独处时才会深入人心。

真正的信仰并不在于让人懂得哪些日子斋戒,哪些日子去教堂,以及哪些日子聆听或诵读祷词,而在于让人永远在与所有人相爱之中保持善的生活,永远像乐意对待自己那样对待他人。

正确的信仰就在于此。所有真正的哲人始终都在传扬这种信仰,所有民族中都有人教导大家过虔诚的生活。

一家主人有一个雇工。他与主人住在同一个宅子里,每天都跟主人见面多次。雇工渐渐地干活越来越少,一直懒惰到终日无所事事。主人看到了这种情形,但什么也没说,只是在碰到这雇工时就转过身去不理他。雇工见到主人对他不满意,就想办法,怎样既不干活,又能讨好主人。雇工去找主人的熟人和朋友,求他们劝主人不要生他的气。主人知道了这个情况,把雇工叫来,说道:"你为什么请求人们来为你说情呢?其实你天天和我在一起,你要怎么样,可以自己对我说嘛。"雇工无言以对,转身走了。这个雇工又想出另一个法子:他把主人的鸡蛋收拾起来,抓了主人的一只母鸡,把这些东西作为礼品拿去给主人,为的是让主人别生他的气。主人于是说道:"上一次你求我的朋友们为你帮忙,那时你本可以直接和我谈。这会儿你又生出法子用礼品来买人情。可你的这些东西全都是我的呀。就算是你把自己的东西拿来,我也不需要你的礼品。"于是雇工又想了第三个办法:他编了一些为主人歌功颂德的诗,来到主人的窗前大声地吟唱起来,称主人为伟大的、无所不在的、无所不能的父亲、恩主、善人云云。

于是主人又把雇工叫来,说道:"一会儿你去托人讨好我,一会儿你又拿我的东西给我送礼,这次你想得更妙:别出心裁对我又叫又唱,说我无所不能、大恩大德什么的。你又唱又叫,说我这样那样,但是你不了解我,也不想了解我。我需要的不是让其他人替你说情,不是你的礼物,也不是你对那个你无法了解的人大唱颂歌——我需要你的只是你的劳动。"

那些对着圣徒祈祷、求他们为自己在上帝跟前说情的人，那些想用神灯和种种祭品、用建造殿堂、对上帝大唱颂歌来讨好上帝的人，其做法与那雇工所做的如出一辙。

基督的教义指出，在上帝和人之间不可能存在中介者，生活需要的不是给上帝的献礼，而是我们的善行。

上帝全部的法则都在于此。

一个人有信仰，若只是用信仰这件事去期待未来各种各样表面的好处，那么这就不是信仰，而是算计，而算计总是不可信的。算计之所以不可信，是因为真正的信仰只给予人以现时的好处，而不给人，也不可能给人以任何未来的表面的好处。

一个人想去给人家做雇工。他遇见了两个工头。这个人便说自己正在找活干。

两个工头都想招他去自己的主人家干。其中一个对他说："去我的主人那儿吧。那地方很好。当然了，你要是不让人满意，就会蹲监狱，挨鞭子，可你要是让人满意，那你的日子就再好不过了。到干完活的时候，你就会过上事事不愁的日子，天天摆宴席，酒啊，甜点心啊，游玩啊什么的。只是你要让人满意。将来的日子好得你想也想不到。"这个工头就这样一再邀他跟自己走。

另一个工头也叫他去自己的主人家，但关于他的主人付给雇工什么酬劳却一句话也没说，他甚至说不出雇工们将来在哪儿生活，生活怎样，活儿累还是不累，而只是说，主人很善良，不会惩罚任何人，主人自己也跟雇工们住在一起。

这个人琢磨了琢磨头一个主人："他给了这么多允诺。假如事情真的那样，就用不着这么多允诺。贪图奢华的日子也许是再糟糕不过的事了。这个主人准是气势汹汹的，因为谁不按照他说的去做，他就对谁严加惩处。最好还是去第二个那儿吧，他尽管什么允诺也没给，可人家说他很善良，还跟雇工们一起过日子。"

那些有关信仰的教义也是如此。伪导师们用惩罚的恐吓来导引人们去过善的生活，用去往那个谁也没去过的世界作为奖赏来诱惑人们。真正的导师只是教导人们说，生活的本源和爱就存在于人的心灵之中，谁与这些融为一体，谁就会过上好日子。

四　用理性检验信仰的形态

不要通过磨灭自己的理性来认识真正的信仰，而是相反，使理性保持清醒和紧张，用它来检验信仰导师教给我们的东西。

我们不是凭借理性达到信仰。但必须用理性去检验别人教给我们的信仰。

讲述那些奇迹的故事并不能证明真理。就算不是故事，即使是我亲眼看到一个人从坟墓中复活并飞上天去，并由此说服了我承认 $2 \times 2 = 5$，我还是不会信任他。

应当利用古代的先贤圣人有关生活法则的教诲,但我们也必须用自己的理性去检验他们教给我们的东西:与理性相符的,接受,不相符的,放弃。

如果一个人不能为了坚守生活的法则而毅然放弃他所偶然认定的信仰,那么这就有如一个人为了不迷路,而用绳索把自己捆绑在柱子上一样。(露西·马洛丽[①])

[①] 露西·马洛丽,美国女作家,1886年至1918年期间曾出版通灵术刊物《世界先进思想》,与托尔斯泰有书信往来。

2 | 良知是灵魂的声音

你可以摆脱任何困境,只要你记住,你不是以肉体,而是以灵魂为生。

一 灵魂是什么

那难以触摸、无形、无实体、赋予每一个生物以生命的,自然而然我们就称之为上帝。那同样难以触摸、无形、无实体、被肉体将其与所有其他东西区别开,而为我们自身所意识到的,我们称之为灵魂。

一个人若活过了漫长的一生,则已经历了许多变化,先是婴儿,而后是儿童,而后成年,而后老年。但一个人无论怎样变化,在谈到自己时他总是说"我"。而这个"我"在他而言总是指同一个事物。在婴儿、在成年、在老年,都是同一个"我"。这个永不变化的"我"就是我们所说的灵魂。

如果一个人认为,他所看到的周围的一切,这无边无际的整个世界,一定如他所看到的那样,那他这个想法是十分错误的。人了解所有有实体的东西,只是因为他具有这一种,而非另一种视觉、听觉、触觉。倘使这些感觉换成另外一种,这整个世界也就可能成为另外的样子。就此而言,我们不了解,也不可能了解我们生存于其中的这个有实体的世界是什么样子。只有一种东西是我们确切而全部了解的,这就是我们的灵魂。

当我们说"我"的时候,指的并不是我们的肉体,而是指存在于我们肉体之中的那个东西。那这个"我"是什么呢?我们无法用语言表述这个"我"是什么,但我们了解这个"我"胜于我们所了解的一切。我们知道,倘若在我们身上没有这个"我",我们就一无所知,这个世界在我们看来就空空如也,而我们自己也就不复存在。

当我在运用思维的时候,理解我的肉体比理解我的灵魂是什么更难。无论肉体多么亲近,它总是"他人的",只有灵魂是"自己的"。

如果一个人感知不到自己体内的灵魂,这并不是说他体内没有灵魂,而仅仅是他还没有学会感知自身的灵魂。

在我们还不了解我们体内的东西时,了解我们身外的东西又有什么用?或者说,可以不了解自身而了解世界吗?有这样的事吗,在家里是瞎子,做客的时候却是明眼人?(斯科沃罗达)

正如没有火无法点燃蜡烛一样,没有灵魂的力量,人就无法生存。灵魂生在所有的人身上,但并不是所有的人都了解这一点。了解这一点的人,其生活是快乐的,而不了解这一点的人,其生活是不幸的。(据罗摩克里希纳)

二 灵魂和物质世界

我们测量过地球、太阳、星星、海沟,钻到地下去挖掘黄金，在月球上找到了河流和山脉，还在发现新的星星和了解它们的大小，填平深谷，建造精巧的机器；不论哪一天，总有一些新而又新的东西出现。还有什么我们不会做！有什么我们不能做！但有一种最为重要的东西，却一直是我们所缺少的。这到底是什么，我们自己也不知道。我们就好比一个小孩子：他感到了不舒服，可为什么不舒服他不知道。

我们感到不舒服，是因为我们了解了大量多余的东西，却不了解至关重要的：我们自己。不了解有什么东西生存在我们体内。一旦我们弄清是什么东西生存在我们每个人的体内，那么我们的生活或许会彻底改观。（据格里高利·斯科沃罗达）

对这个世界上一切物质的东西，我们无法了解其真相是什么。我们所能洞悉的，只有我们自身属于灵魂的东西，只有我们自己所能感知，但既不依赖于我们的情感，也不依赖于我们的思想的东西。

从所有角度看去，世界都是没有尽头的，也不可能有：无论一个地方多么远，在最远之外仍有更远。时间也是如此：世界既无生，也无止。在千万年之前仍有千万年，千千万万无有止处。因此很明显，人无论如何也无法理解这个物质世界如今什么样，过去和将来什么样。

什么是人所能够理解的呢？这唯一之物就是既无需空间、也无需时间的你的灵魂。

孔子说：天地之大，犹有色、形、度。在人的身上有这样一种东西，它思考一切，它存在着，却既无色，也无形，也无度。因此可以说，倘若整个世界一旦死亡，则人身上存在的这种东西，就是唯一能赋予世界以生命之物。①

铁坚于石，石坚于木，木坚于水，水坚于气。那无法触摸者，那无形而无声者，坚于一切。唯有这种事物过去、现在及将来都存在，并且永不消亡。

那么这是什么？

这就是人体内的灵魂。

一个人能够思考肉体的他为何物，这是好事。人的肉体看起来很大，如果把它跟跳蚤、跟极微小的东西相比，如果把它跟泥沙相比的话。人继而想，我们的整个地球和太阳相比——不过一颗沙粒，太阳和天狼星相比——也不过一颗沙粒，而天狼星和其他星球相比则微不足道，还有更大的星球，如此比较下去是无限的——这是很好的思考方式。

很明显，肉体的人跟太阳及这些星球相比即是无。如果继而想，我们每一个人都是无迹可寻的，在百年、千年、万年间曾生活在地球上的，像我一样的人，同样地生、长、老、死，在这千百万像如今的我一样的人身后，不仅尸骸，甚至连骨灰也已荡然无存，而在我之后又将有千百万像我一样的人生存于世，由我的骨灰将生出青草，羊将以青草为食，而人又将以羊为食，则在我身后纤尘未留，踪迹全无！

---

① 确切出处不详。意相仿者或为《礼记·礼运》："故人者，其天地之德，阴阳之交，鬼神之会，五行之秀气也。……故人者，天地之心也，五行之端也，食味、别声、被色而生者也。"

我即无，不是很明显的吗？

无虽是无，但只有这个"无"能认识自我及其在世上的位置。而一旦它认识了，则这种认识就不是无，而是某种有，某种重于这整个无尽世界的东西，因为在我和其他类似于我的生命身上没有这种认识，也就没有了我称其为无尽世界的所有东西。

三 人的灵与肉

你是谁？人。什么人？你怎么区别于他人？我是某某人的儿子、女儿，我是老人，我是年轻人，我是富人，我是穷人。

我们每一个人都是不同于所有其他人的个别的人：男人，女人，老人，男孩，女孩；在我们每一个个别的人身上都存在着同一个别无二致的灵魂生命，也就是说，我们每一个人同时既是伊万，也是娜达丽雅，也是那个在所有人身上都一样的灵魂生命。若我们说"我想如何"，则有时这意味着伊万或娜达丽雅想如何，有时则意味着，是那个在所有人身上都同一的灵魂生命想如何。这样一来，也就会有这样的情况，伊万或娜达丽雅在想做某一件事的时候，而那个存在于他们身上的灵魂生命想的却完全是另一件事。

一个人前来敲门。我问："是谁呀？"回答是："我。""我是谁？""就是我呀。"来的人又答道。来的是个农夫家的小男孩。他感到很稀奇，怎么可以问这个"我"是谁呢。他感到稀奇，是因为他感受到了在自己身上的那个与所有人都一样的共同的灵魂生命，所以他感到稀奇，怎么竟可以问每个人都应该知道的东西。

他回答的是灵魂的"我"，而我问的只是那个窗口，那个透过它能窥见这个"我"的窗口。

如果说，我们称呼自我的时候只是指的肉体，而我的理智、我的灵魂、我的爱，都是出自肉体，那么，这就等于说，我们自称肉体的只是用来喂养肉体的食粮。实际上，这个我的肉体只不过是由肉体加工而成的食粮，而没有食粮则没有肉体，但我的肉体不是食粮。这个食粮对于肉体生活来说是必需的，但它不是肉体。

谈到灵魂也是如此。不错，没有我的肉体也就没有那我称之为灵魂的东西，但无论如何我的灵魂不是肉体。肉体对于灵魂来说是必需的，但肉体不是灵魂。假如没有灵魂，我就不会懂得我的肉体是什么。

生活的本源不在肉体，而在灵魂。

当我们说"这个有过，这个将要有或者可能有"的时候，我们指的是肉体生命。然而，除了有过和将要有的肉体生命，我们知道我们还有另一种生命：灵魂生命。而灵魂生命不是有过，不是将要，而是现在的。这种生命才是真正的生命。

一个人只有依赖于这种灵魂生命，而不是肉体生命，才能过上好日子。

基督教导人们说，在他们身上存在着一种可以使之超乎于尘世浮华、惊恐不安和肉欲生活之上的东西。人懂得了基督的教诲，就可以体验到这样一种感觉：一只鸟最初还不知道它有翅膀，而突然明白后，它便可以展翅飞翔，自由自在，无所畏惧。

四 良知是灵魂的声音

在每个人身上都存在着两个人：一个盲眼的、肉体的，一个明眼的、灵魂的。

盲眼的那个人吃、喝、劳作、休息、生育，为这一切忙个不停，就像上满发条的钟表一样。而明眼的、灵魂的另一个人——他自己不做什么，只是对那盲眼的、动物的人的所作所为表示赞同或不赞同。

人身上明眼的、灵魂的部分被称作良知。人的这个灵魂部分，良知，其作用如同指南针的指针。指南针的指针只有当携带它的人偏离了它所指定的路线时才会移动。良知也是如此：在人做他该做的事时，它沉默不语。然而人一旦离开正路，良知就会给人指出，他偏离了什么方向，偏离了多少。

当我们听到一个人做了某某坏事的时候，我们说：他昧了良心。

什么是良心？

良心就是那个存在于所有人身上的共同的灵魂生命。

良知——这就是对那个存在于所有人身上的灵魂生命的觉

悟。只有当良知成为这种觉悟时,它才是人们生活的可靠引导者。然而人们往往并不把良知理解为对这个灵魂生命的觉悟,而理解为被他们周围的人所评头品足的那些东西。

欲望的声音或许高于良知的声音,但欲望的声音与良知所发出的镇定而顽强的声音相比却截然不同。无论欲望如何大声叫喊,相对于良知平静、镇定而顽强的声音,它总会现出怯意。良知的声音在人的身上是永恒、虔诚而富有生命力的。(钱宁[①])

哲学家康德说过,有两种东西令他惊讶。一种,是天上的星星,另一种,是人的灵魂中善的法则。

真正善的就在你自身,在你灵魂之中。那不在自身寻找善的人,正如同牧羊人怀抱着羊羔而去羊群里寻找它一样。(《往世书·筏摩那》)

不要以为是我在活着。活着的不是我,活着的是那个存在于我身上的灵魂生命。我——这只是一个孔,那生命透过它而显现。

存在的只有我和"你"。如果没有我们两个,这世界上便一无所有。(西里西亚的安杰勒斯[②])

[①] 威廉·钱宁(1780—1842),美国新教牧师,宗教伦理学家。
[②] 西里西亚的安杰勒斯(1624—1677),原名约翰·谢弗勒尔,波兰宗教诗人。

人们常说："拯救灵魂。"其实，可以拯救的只有那些会死去的事物。灵魂是不会死去的，因为它始终如一地存在。对于灵魂，不是拯救，而是清除那遮暗它、玷污它的东西，使它保持明亮，以便让上帝越来越多地从它经过。

当你体力衰弱、渐渐行动艰难的时候——要记住，你有一颗灵魂，你可以以它为生。然而，我们却常常认为，像我们一样的那些人们可以搀扶我们。（爱默生[①]）

你可以摆脱任何困境，只要你记住，你不是以肉体、而是以灵魂为生，只要你记住，这世上的最强者就存在于你。

人每时每刻都会问自己，我是什么，我在做什么，想什么，感受什么，而回答往往会是：我在做什么什么，想什么什么，感受什么什么。但如果人问自己：那个在我身上意识到我做什么、想什么、感受什么的是什么？则他的答案不会是别的，只能是"自我意识"。而这个自我意识，就是我们所说的灵魂。

有一次一群鱼在河里听到人们说，似乎鱼只能生活在水里。鱼们觉得很惊奇，便彼此询问：有谁知道，水是什么？这时一条聪明的鱼说："我听说，在海里住着一条智慧老鱼，它什么都知道；咱们游去找它问问，水是什么。"于是鱼们游到大海里，去到智慧老鱼住的地方，问它什么是水。智慧老鱼说道：

[①] 爱默生（1803—1882），美国作家，哲学家。

"水——就是我们以之为生并且生在其中的东西。正因为如此,你们才不知道你们生在其中并且以之为生的水啊。"

同样,人们有时感到,他们不知道神是什么,而他们就生活在神之中。(苏非派哲理①)

五 人的生活不在肉体,而在灵魂,也不在肉体和灵魂,只是在灵魂

灵与肉——人总认为这是属于自己的,并为之不断地操心。其实应该知道,真正的"你"不是你的肉体,而是你的灵魂。要记住这一点,将自己的灵魂高举于肉体之上,保护它不染上任何世俗的污秽,不要让肉体压倒它,这样你就会过上美好的生活。(马可·奥勒利乌斯②)

人们常说,不要爱自己。但没有对自己的爱,就不会有生活。问题仅仅在于:是爱自己的灵魂还是肉体。

没有从不生病、永远强健的肉体;没有耗不尽的财富;没有永不完结的政权。所有这些都是不坚固的。如果人把自己的生活寄托于做一个健康而富有的大人物,则即使他肯定会得到他所企求的东西,他仍旧会焦虑,恐慌,忧戚,因为他将看到,他生活中所寄托的这一切都在离他而去,他将看到,他自己也

---

① 苏非派,伊斯兰神秘主义教派。
② 马可·奥勒利乌斯(亦译奥勒留,121—180),古罗马皇帝,晚期斯多葛派哲学家。

在一天天衰老，走近死亡。

怎样做才不至于忧虑和恐慌呢？

只有一个办法：不要把生活寄托于那些如过眼烟云的东西上，而要寄托于那不会死去、也不可能死去的东西上，寄托于人体内的灵魂上。

做你的肉体替你期望的事：猎取名誉、声望、财富，你的生活就将如地狱一般。做存在于你身上的灵魂为你所期望的事：力求谦逊、仁慈、爱，则你将不需要任何天堂。天堂就将出现在你的灵魂之中。

每个人都负有对他人的责任，也负有对自己的责任和对那存在于你身上的灵魂的责任：这种责任就是不要玷污、磨灭和闭塞这颗灵魂，而要不断地使它生长壮大。

在世俗事务中，你无法得到确切的答案，你做的这件事该不该做，你做的事会不会有期望的结果。但是当你为灵魂而生的时候，就不是这样。为灵魂而生，你将会确切地知道，灵魂要求你做的就是应该做的，你将确切地知道，你做的事只会有好的结果。

一旦你感受到奢望、肉欲、恐惧、仇恨，你要记住你是谁：要记住，你不是肉体，而是灵魂，那令你激动不安的情感会立刻消弭。

我们所有的不幸，都是由于我们忘掉了那存在于我们身上的东西,而为了微不足道的些许肉体欢乐出卖灵魂。

六 只有灵魂的幸福才是人真正的幸福

人以灵魂为生,而不是以肉体为生。如果人知道这一点,并且不是把自己的生活寄托在肉体上,而是寄托在灵魂上,那么即使把他用铁链绑住,用枷锁拴住,他仍旧是自由的。

每个人都知道自己身上有两种生命:肉体的和灵魂的。肉体的生命一旦达到顶峰,衰老也就开始了,越来越衰弱,走向死亡。而灵魂的生命正相反,由生到死一直都在成长壮大。

人只为肉体而生,他的一生就是那注定要死亡的人的一生。而人为了灵魂而生,则那寄托着他幸福的东西,在他的生活中就会日复一日地发扬光大,死亡对他来说也就并不可怕。

为了过善的生活,没必要知道你从何而来,以及世界的未来是怎样的。要考虑的不是你的肉体期望什么,而是你的灵魂期望什么,你既没必要知道你从何而来,也没必要知道你死后如何。没必要知道这些,因为你将体会到一种完满的幸福,对这种幸福来说,不存在什么过去和未来的问题。

当世界存在之初,以智性为其母。凡意识到其生命基础是灵魂的人,也就知道他身处于一切危难之外。当他在生命尽头闭上

口、关上感情之门,他便再不会体验到任何焦虑不安。[①](老子)

为了不朽的灵魂,必须做与之相应同样不朽的事。这件事——即无限地完善自我和世界——也是灵魂的天性。

七 人人同一灵魂

所有的生命都以其肉体相区别,但那赋予他们生命的——在人人身上都是同一的。

这样的话讲得太少了:人人都有着同一的灵魂,如我一样;人人身上都存在着与我同样的东西。人都以其肉体相区别,但大家都因那赋予人以生命的同一灵魂本源相结合。

与人们相结合,这是巨大的幸福,但怎样做才能与所有的人相结合呢?比如,我与自己家里人是相结合的,而与其他人呢?比如,我与自己的朋友、与所有俄罗斯人、与所有同信仰的人是相结合的,可是,与那些我不认识的人、与异族异教的人呢?人是如此众多,他们又是那样的各自不同,这又应该如何去做呢?

办法只有一个:忘掉他人,不去考虑是否与他们相结合,

[①] 原文出自老子《道德经》第五十二章:"天下有始,以为天下之母,既得其母,以知其子,既知其子,复守其母,没身不殆。塞其兑,闭其门,终身不勤。"托氏所据的译文与之略有出入。

而只考虑与那个存在于我、也存在于所有人的同一的灵魂生命相结合。

当你想到与你过着一样的日子、远在万里之外的亿万人众的时候,想到那些无论怎样我也无法结识的人们,以及那些对我同样一无所知的人们,这时你会不由得问自己:难道我们之间没有任何联系吗?我们就这样互不相识地死去吗?这绝不可能!

不错,这绝不可能。无论这有多么奇怪,我还是感觉到,意识到,在我和世上所有的人——无论死去的还是活着的——之间,是存在联系的。

这种联系是什么,我无从理解,也无法说出,但我知道,它是存在的。

有人曾对我说,每个人身上都有许多好的、兄弟情谊的、爱的东西,也有许多坏的、残忍的、有违兄弟情谊、有违爱的东西,因此,据他所推断的,同一个人往往有时是善良的,有如天使,有时是恶的,有如魔鬼。这话千真万确。

别人痛苦时的样子在一些人心里会引起怜悯,而在另一些人心里引起的是苦恼。甚至同一个人在看到别人痛苦的时候,有时感到怜悯,有时却好像感到高兴。

我在自己身上也注意到了这一点。有时你不只是对人,甚至对各种动物的生命也感到怜悯,但不同的时候别人的痛苦不仅不能打动你,反而在看着他们的时候好像还带有满意的神情。

这种情形的产生是因为我们认识世间万物时用的是两种不同的方式。一种方式是,我们把自己视为有别于其他所有生物的生命。这样我们对所有那些有异于我们的生命,除了冷漠、嫉妒、憎恨、仇视之外,就别无其他情感。另一种认识方式是,我们把所有其他生命都看作与我们有联系的,把我们与之一视同仁。在这种认识方式下,所有的生命在我们看来,都是我们所说的"我",正因为如此,如果它们有痛苦,我们就会与之患难与共,就会去爱它们。

一种认识方式把我们用一堵坚固的墙隔断开来,另一种则打破这堵墙,使我们融为一体。一种方式教我们不要把其他生命视为"我",而另一种则教给我们,所有的生命都是那个我们在自身所感受到的"我"。(叔本华[①])

人越是为灵魂而生活,就会感到所有的生命离自己越近。为肉体而生活,则你在其他生命中就是孤独的;为灵魂而生活,你会觉得四海一家。

河流跟池塘不一样,池塘跟木桶不一样,木桶又跟水罐不一样。然而在河流中,在池塘中,在木桶中和在水罐中装的同样都是水。同样,所有人都是不同的,但活在他们身上的灵魂都是同一的。

人只有当他在每个人身上都看到自我的时候,他才会明白自己的生活。

[①] 叔本华(1788—1860),德国非理性主义哲学家,唯意志论代表人物。

当你看一个人的时候，仔细看一下他的眼睛，你就会感到，他是你的亲人，你仿佛很久以前就已认识他。这是为什么呢？因为，你的生命所依赖的东西，在你和他的身上都是同一的。

每个人身上都存在着一个世间至高无上的灵魂，因此，无论什么样的人——沙皇还是苦役犯，大主教还是乞丐，大家都是平等的，因为人人身上都存在着那世间至高无上的东西。如果敬重沙皇或大主教多于敬重乞丐或苦役犯，这就如同你敬重一个金币多于敬重另一个同样的金币，因为一个用白纸包着，另一个用黑纸包着。应该永远记住，人人身上的灵魂与我是同一的，因此对待众人应当一视同仁，谨慎而谦恭。

基督的教义主要在于，他把所有人都视为兄弟。他把人看作兄弟，因此他爱每一个人，无论那人是谁，是个什么样的人。他不看人的外表，只看人的内心。他不看人的肉体，只从富人的锦衣绣服和穷人的破衣烂衫透视他们不朽的灵魂。在极度放荡的人身上他也能看到，可以使这个最为堕落的人变成一个最为伟大而神圣的人，就像基督自己那样的伟大而神圣。（据钱宁）

孩子比成年人更睿智。小孩不会分辨人们的称谓，而是用全副的灵魂去感受人人身上存在的、对他和所有人来说都是同一的东西。

如果一个人看不到这一点，即在他周围的每个人身上都存在着将他与所有世人结合在一起的灵魂，那么这个人就如同活在梦中。只有那在周围每个人身上都看到自我和上帝的人，才会从梦中醒来并拥有真正的生活。

八　同一的灵魂本源不仅存在于所有人，也存在于一切有生命者

我们的心灵能够感受到，我们的生命所依赖的、我们称之为"自我"的、万众同一的东西，不仅存在于人，也存在于狗、马、鼠、鸡、麻雀、蜜蜂，甚至也存在于植物。

如果能说鸟、马、狗、猴子与我们完全相异，那有什么不能说那些未开化民族、黑种人和黄种人也与我们相异呢？如果把这些人视为异类，则黑种人和黄种人也有同样的权利称白种人为异类。那谁是同类呢？对此回答只能是这样：不要问谁是同类的，只须对一切有生命者去做你想要别人为你做的事。

一切生命都怕痛苦，一切生命都怕死亡；不仅要从人，还要从一切生命之中去认识自我，不要伤害生命，不要强加给他们痛苦和死亡。

一切生命都是想你所想；要在每一个生命中去认识自我。
（佛教哲理）

人高于动物，并非因其能给动物施加痛苦，而是因为他能够怜悯它们。人怜悯动物，因为他感受到，在动物身上存在着

与他同一的东西。

怜悯一切生命,比做几件善事更为必要。谁富有怜悯心,谁就不会受屈,不会受辱,就会被谅解。善良的人不会没有怜悯心。而如果人是非正义的,是邪恶的,这人一定没有怜悯心。没有对一切有生命者的怜悯,就不可能有善德。(叔本华)

人所固有的对动物的怜悯心是会丧失的。在狩猎中这一点看得尤其清楚。善良的人一旦习惯于狩猎,就会折磨并杀害动物,而注意不到自己的残忍。

"不杀生"不仅指的是对人,而是对一切生命而言。这个戒条不仅是写在戒碑上,它首先是写在人的心里。

人并不把以动物为食看作坏事,这是因为那些伪导师使人们相信,上帝允许人以动物为食。这不是真的。不管什么书上写着,杀害动物并以之为食并非罪孽,但在每个人的心中,比在任何书上写得都清楚:应当怜悯动物,不可像杀人一样杀害它们。这一点我们都知道,如果良知尚未泯灭的话。

如果让所有以动物为食的人亲自动手去宰杀动物,则大多数人都会戒除肉食。

令我们吃惊的是,过去,甚至现在还有人把人杀死,来吃他的肉。但不久的将来,我们的子孙将会感到吃惊的是,他们的祖先虽然用不着屠杀动物，只以土地上的果实为食也能获得美味并保持健康，然而却每天杀死成千上万的动物，并将其吃掉。

人既可以丧失上至对人的怜悯，也可以学会下至对昆虫的怜悯。

人的怜悯心越多，越有益于他的灵魂。

对存在于我们所有人身上的同一之物，我们都能有切身的感受；但对这个同一之物也存在于动物身上，我们却已没有那么切身的感受。而对也存在于昆虫身上的，则感受更模糊。一旦对生命加以深思，你就会感到，在这些不起眼的生物身上，都存在着与人类同一之物。

"那么连苍蝇、跳蚤都不能打吗？我们的一举手一投足都会不由自主地杀死那些肉眼看不到的生命啊。"人们常常这么说，是想用这个说法来为人对动物的残忍加以辩解。说这些话的人忘了一点，人无论在哪一方面都注定不能达到完善的地步。人的行为只能是接近完善。在同情动物这件事上也是如此。我们在生活中无法避免导致其他动物死亡的事，但我们可以或多或少地拥有同情之心。我们对所有动物越加同情，将越有益于我们的灵魂。

记住，在每个人身上都存在着与你身上同一的灵魂，因此，要像对待圣器一样敬重自己的灵魂和每个人的灵魂。

为什么我们在做了每一个表示爱的举动之后都会在心灵中感到美好呢？这是因为每一件这样的事都让我们坚信，真正的"我"不仅存在于我们自身，而是存在于一切有生命者。

如果只为自己而生，那么你活的只是那个真正"自我"的一小部分。如果为他人而生那么你会感受到，你的"自我"得到了延伸。

只为自己而生，你就会感到自己生活在敌人之中，你就会感到，每个人的幸福都妨碍了你的幸福。为他人而生，你就会感到自己生活在朋友之中，而每个人的幸福都会成为你自己的幸福。（据叔本华）

人只有在为他人服务中才会找到自己的幸福。而他之所以能在为他人服务中找到幸福，是由于在为他人服务时，他就与那存在于他们身上的上帝的灵魂结合在一起。

只有当我们爱他人的时候，我们才会彻底明白那存在于我们身上的神圣的灵魂。

当一个人忘记自我而只顾他人所需，这时任何一件真正的善举，如果在我们看来不是自然而然、习以为常的事，那它就是令人惊诧和匪夷所思的事了。的确如此，有人为什么要舍弃自己的东西，不为自己，而为了众多他所不认识的人而忧虑、而操心呢？对此只有一种解释，那行善不为自己只为他人的人懂得，他为之行善的人不是与他相异的生命，而是与他身上的内在之物相同的生命，只不过外表不同而已。（据叔本华）

我们在认知世间万物时，要么是用我们的五种感官，也就是去看，去听，去感觉，要么是站到其他生命的位置上，去体验他们的生活。如果我们认知万物只凭借五种感官，世界对我们来说就是完全不可了解的。我们能了解有关世界的东西，只是因为我们能利用爱的方式站在其他生命的位置上，去体验他们的生活。人以其肉体互有所别，并且无法相互理解。但是爱将所有人结合在一起，而伟大的幸福也在于此。

如果人以灵魂生命为生，任何一个脱离他人的举动都会使他感到灵魂的痛苦。这种痛苦是怎样产生的呢？这是因为，正如肉体的痛苦表明肉体生命面临危险一样，这种灵魂的痛苦也表明人的灵魂生命面临危险。

一个印度哲人说："在你，在我，在所有的生命中存在着同一的生命灵魂，而你却对我生气，不爱我。要记住，我与你是同一的。不论你是谁，你与我都是同一的。"

一个人不论有多坏、多不义、多蠢、多讨厌，要记住，如果你放弃对他的尊重，你因此不仅会断绝与他一个人的关系，而且会断绝与整个灵魂世界的关系。

为了与每个人轻松地共同生活，应当想到的是将你与他结合在一起的东西，而不是将你与之分离的东西。

亵渎圣像、圣书、神殿，被认为是不可饶恕的莫大罪孽，而亵渎人的行为却不被当作罪孽来看。实际上，在人的身上，在最为堕落的人身上，也存在着高于一切人工之物的东西。所有的书籍、圣像、神殿——都不过是人工所造之物。

当痛苦不是由他人所带来，而是由于疾病、火灾、洪水、地震的原因时，就容易忍受。但由于别人、由于兄弟的原因给一个人造成痛苦，他就会感到格外痛心。他知道，人们本应爱他，现在反过来却折磨他。"人们，所有的人，本来与我都是一样的，"这人想到，"可为什么他们却来折磨我呢？"正是因为这个，人由于疾病、火灾、干旱比由于人的恶行带来的痛苦要容易忍受。

一个人若想追求高过他人的财富、名望、官职，那么无论他成为一个什么样的大人物，他将永远不会获得满足，他也将永远不会获得安宁与喜悦。一旦他明白，在他身上存在着在所有人身上共存的神圣本源，那么无论他的生活状况怎样，他立刻就会变成安宁而快乐的人，因为他明白了，在他身上存在着的，乃是世间至高无上的东西。

人生活得越久，就会越来越明确，只有当他们认清自己与存在于所有人身上的同一灵魂的同一性时，他们的生活才会成为真正的、幸福的生活。

爱会唤起爱。这一点绝不会改变，因为上帝在你的身上醒来之后，也会在另外的人身上唤醒自己。

与每一个人相逢都是好事，尽管那个人在你看来十分讨厌并怀有敌意，要记住，通过这个人你便获得了与那个存在于他、你以及整个世界的灵魂本源沟通的可能，因此，不要把这种沟通视为累赘，而要感谢你拥有了这种幸福。

枝丫从粗干上断裂，同时也就与整棵大树分离开来。同样，一个人与另一个人有隙，也就断绝了他与整个人类的联系。但枝丫是被他人之手所割断的，而人是用内心的仇恨将自己与他人隔断，并且想不到他因此也将自己与整个人类隔离开来。（马可·奥勒利乌斯）

为一件坏事而受惩罚的只是肇事者，事情没有这样简单。我们不可能离群索居，以免我们身上的邪恶施加到别人头上。我们的所作所为，无论善良还是邪恶，都像我们的孩子那样：不以我们的意志去生活和行事，而是我行我素。（乔治·艾略特[①]）

人的肉体只谋取一己之利，人们往往沉湎于这种错觉之中。人一旦只为自己的肉体，而不是为灵魂而生，他就会与他人和上帝分离，并且得不到他所谋求的福利。

[①] 乔治·艾略特（1819—1880），英国女作家。

3 | 真正的爱

人只有明白了肉体生活的脆弱与不幸,才会明白爱所赋予他的全部幸福。

一　人的肉体需要食粮，没有食粮便会痛苦，同样，人的灵魂需要爱，没有爱也会痛苦

"弟兄们啊，我们应当彼此相爱。爱是从上帝来的，凡有爱心的都是由上帝而生，并且认识上帝。没有爱心的，就不认识上帝。因为上帝就是爱。"使徒约翰说。

爱所有的人看起来是件难事。但在你没有学会做事的时候，每一件事看起来都是困难的。所有的事人都在学：缝纫，纺织，耕地，收割，锻造，读书，写字。同样的，也应该学习怎样去爱所有的人。

学会这一点并不难，因为人类彼此间的爱已被植入我们的灵魂之中。

"不管是谁，不管在哪里，都见不到上帝，但如果我们彼此相爱，他就住在我们心中。"[①]

如果上帝——即爱，就住在我们心中，那么学会爱并不困难。应该做的只是尽可能远离那妨碍爱的东西，远离那阻挠爱出现的东西。只要开始这样去做很快就会掌握世上最重要和最必要的学问——爱他人。

世间万物都眷恋大地，也相互眷恋。与此完全相同的是，

---

① 参见和合本圣经《新约·约翰一书》4：7—8、12。

所有的灵魂都眷恋上帝,并相互眷恋。

所有人的生存并不有赖于他们的自我谋划,而有赖于彼此间存在着爱。

为了不让人们的生活各行其道,而让所有人同心同德,上帝没有昭示给人们说必须人人为我,只是昭示给人们说必须我为人人。

同样,为了让人们知道大家都是互相依存的,上帝便进入他们的灵魂,并在他们的灵魂之中显示爱。

人们一切不幸的根源,不是饥荒,不是火灾,不是那些作恶者,而只在于他们各自为生。他们各自为生的原因,是不相信那存在于他们中间并将他们引向统一的爱的声音。

当一个人还过着动物般生活的时候,他就会觉得,如果他是与他人分离的,那么这是必然的,别无选择。而当他一旦学会过灵魂的生活,他就会渐渐感到惊讶,不解,甚至痛心,他怎么竟会与他人分离,他就会努力与人们相结合。而把人们结合在一起的只有爱。

每个人都知道,他需要的不是与众人分离,而是与众人结合在一起,人知道这一点,不是因为某个人对他吩咐过,而是因为他与众人结合得越紧密,他就生活得越好,反过来说:他生活得越糟糕,他就与众人分离得越远。

每个人的生活都是为了逐年、逐月、逐日地好上加好。人的日子变得越好，他们互相之间就结合得越紧密。而人们结合得越紧密，他们的日子就越好。

对一个人爱得越多，你对他的距离感就越小。由此可见，他就是你，而你就是他。

只要我们坚定地抱着一个念头，即我们与他人能在彼此相同之处结合起来，而不要求他人改变与我们不相同的地方，我们就会比起那些自称为基督徒、打着基督的名义远离异教徒、并要求其赞同他们所认定的真理的人来，离基督要亲近得多爱你们的仇敌，你们将没有仇敌。（《十二使徒遗训》①）

要认清通往统一的道路是如此简单，就像认清架设在泥塘上的板桥一样。一旦你从板桥上歪倒下来——你就会陷入世俗的操劳、纷争和仇恨的泥塘中去。

二 只有对所有人的爱，才是真正的爱

上帝想要我们成为幸福的，为此在我们身上设置了对幸福的渴求，但他想的是要让我们所有人，而不只是某些人，成为幸福的，为此他又在我们身上设置了对爱的渴求。因此，只有

---

①《十二使徒遗训》，现存最早的基督教会法规，大约成书于2世纪。

当所有人都彼此相爱时,他们才会成为幸福的。

罗马哲人塞内加①说过,我们所看到的一切生命物体,是一个统一的肌体:我们所有人,就像手臂、腿、胃、骨头一样,是这个肌体的组成部分。我们都同样地降生,我们都同样地希望自己获得利益,我们都懂得,互相帮助胜于互相残杀,在我们所有人身上都被置入了同一个互相的爱。我们就像一堆砌在同一个拱顶上的石头,如果我们不互相支撑,立刻就会同遭厄运。

每个人都尽可能多地为自己争取利益,而世上最大的利益就是置身于爱,并与所有人相处和谐。当你感到你只爱一部分人,而其他人并不可爱时,怎样才能获得这种利益呢?人会去学习最为复杂的技术,学习读书,写字,各种科学、手艺。人一旦像学习科学和手艺时那样勤奋地去学习爱,他很快就会轻易地学会爱所有的人,包括他所厌恶的人。

如果你明白,生活中最重要的事就是爱,那么当你遇到一个人的时候,你想的就不会是这个人可能对你有什么好处,而是你怎么样才能给这个人以好处。只有这样,比起你只关心自己的时候来说,你将会在所有方面获得更大的成就。

如果我们爱那些我们喜欢的人、那些赞扬我们的人、那些带给我们好处的人,那我们这样去爱只是为了自己,为了我们

---

① 塞内加(约前4—公元65),罗马政治家,作家,斯多葛派哲学家。

获得更多的好处。而真正的爱是这样的：当我们去爱他人的时候不是为自己，不是为自己求得好处，我们爱他人，不是因为那些人对我们友好、有利可图，而是因为我们在每一个身上都认出了那存在于我们之中的同一的灵魂。

我们只有这样去爱，才会像基督教导的那样，不是只去爱那些爱我们的人，还要爱那些憎恨我们的人和我们的仇敌。

应当敬重每一个人，无论他是可怜的还是可笑的。应当记住，在每一个人身上都存在着与我们同一的灵魂。即使一个人在灵魂和肉体上都是令人憎厌的，也应当这样想："是的，世界上有这样畸形的人是不可避免的，应当容忍他们。"如果我们对这些人表示出我们的憎厌，这首先说，是我们不公正；其次，我们是在把这些人引入一场你死我活的战斗。

无论他是怎样的，他都不可能改变自己。如果我们对一个人表现出敌意，他除了像与不共戴天的仇敌一样与我们斗争，还能怎么做呢。其实，如果他能改变其固有的样子，我们是愿意与其友善相处的。但要他改变是不可能的。因此，应当对每个人都以善相待，不管他是什么样的人，而不去要求他做力所不及的事：即不要求一个人改变其自我面貌。（据叔本华）

要尽力去爱你所不爱的人，你认为有罪的人和凌辱你的人。如果你能够做到这一点，你就将体验到一种新的、喜悦的情感。有如黑暗之后闪烁起明亮的光芒，当你从憎恨中解放出来的时候，爱就会在你心中放射出更加强烈、更加欢乐的光芒。

最好的人，是爱所有人的人和不加选择地对所有人（不管他是好人还是坏人）都行善的人。（穆罕默德[①]）

为什么与他人的不睦会让我们感到沉重，而对他人的憎恨会令人感到更加沉重呢？因为大家都感受到了我们身上将我们造就成人、在所有人身上都同一的东西。由此可见，不爱他人，我们就会与那人人同一的东西失散，我们就会与自我失散。

"我很苦恼，寂寞，孤独。"然而是谁让你离开所有的人，把自己禁闭在孤独寂寞而又毫无意义的"我"的牢狱中的呢？

你要做到能够对每个人说：像我这样去做。（据康德）

三 真正应该去爱的只有灵魂

人是爱自己的。但如果他爱的是自己的肉体，那他就错了，这种爱将使他一无所得，除了痛苦。人只有爱自己的灵魂时，这种对自己的爱才是好的。灵魂在所有人身上都是同一的。因此，如果一个人爱自己的灵魂，他也会爱他人的灵魂。

所有人希望并为之而操劳的只是一件事：这就是过好日子。因此，从远古以来，世界各地的圣徒和贤哲一直在思索并教导

[①] 穆罕默德（约570—632），伊斯兰教创始人。

人们应当怎样生活，才能不过坏日子，而过好日子。所有这些圣徒和贤哲们身处不同的地区和不同的时代，但教导给人们的却是同样的道理。

这个道理简单明了。

它全部的内容就在于，所有人都应以同一的灵魂为生，所有的人都是同一的，但在生活中所有的人都以其肉体而相区别，因此，如果他们明白，他们是以所有人共有的同一灵魂为生，那么他们必须以相互的爱结合在一起。如果人们不明白这一点，以为他们只是靠自己单独的肉体为生，那就会彼此仇视，并一起陷入不幸。

因此这个道理全部的内容就在于，要做团结众人的事，而不做离散众人的事。

这个道理很容易让人信服，因为这个道理就在每个人的心里。

如果人只过着肉体的生活，这就形同于自我监禁。只有为灵魂的生活才能打开监牢的门，并把人领向欢乐而自由的、与万众同享的生活。

肉体只想为自己谋求幸福，尽管这有害于灵魂；而灵魂也为自己谋求幸福，尽管这有害于肉体。只有当人一旦明白，他的生活不在肉体，而在灵魂，肉体——这不过是他的灵魂所要加工改造的东西，灵与肉的斗争才会终止。

如果两个人从莫斯科去基辅，无论两个人彼此前后离得多远——哪怕一个快要到达基辅，而另一个刚从莫斯科出发——

他们最终都要到达一个地点，或早或迟都要相聚。但如果一个人去基辅，另一个去莫斯科，则不管他们开始时离得多近，两个人将永远背道而驰。

生活中的人也是如此。一个是圣人，他为自己的灵魂而生，而另一个是卑微的罪人，只要他也是为灵魂而生，他们过的就是同一种生活，并且早晚都会相聚在一起。如果两个人在一起生活，但一个是为肉体而生，另一个是为灵魂而生，则他们不可避免地要各奔东西，越离越远。

当人们不知道为什么而生的时候，生活是艰难的，而有这样一些人，他们确信，为什么而生的问题无论如何都无法弄懂，他们甚至还以此自我炫耀。

但弄懂这个问题十分必要，也很容易：生活的含义就在于一点——把灵魂越来越多地从肉体中解放出来，使之与其他生命、与万物的本源——上帝相结合。

人们心里想，或嘴里说，他们无法弄懂这一点，这只是因为他们没有按照世上的先贤所教导的那样生活，不仅如此，他们也没有按照他们自身的理性和良知所教导的那样生活。

四 爱是人的天性

人富有爱心，这是自然而然的，正如水往低处流是自然而然的一样。（东方哲理）

为了按照自己的规律生活，蜜蜂就要飞，蛇就要爬，鱼就要游，而人就要爱。因此，如果一个人不去爱他人，对他人待之以恶，则他的行为就像鸟在水里游、鱼在空中飞一样不可思议。

马为了摆脱敌人要靠自己快速的奔跑。它的不幸不在于它不会像公鸡一样打鸣，而在于失去它快速奔跑的天性。

狗最宝贵的是其嗅觉。一旦它失去嗅觉，就会遭逢不幸，至于它会不会飞，那倒无所谓。

人也是如此，他的不幸不在于难以打败熊，或者狮子，或者凶恶的敌人，而在于失去他天生最宝贵的东西——灵魂的天性和爱的能力。

值得惋惜的不是人的死亡，或者丢了钱、没有房子、没有财产——这一切本不是属于人的。真正可怜的是，人失去自己真正的财富和最高的幸福——爱的能力。（据爱比克泰德①）

一个又聋、又哑、又失明的女孩，她学会了触摸着读书和写字，当女教师对她解释，什么是爱时，她说道：是的，我明白，这就是那所有人都互相感受到的东西。

有人问一个中国哲人：什么是学术？他说：知人。
又问他：那什么是德？他说：爱人。②

所有生命只有一个可靠的导师。这个导师就是万物的灵

---

① 爱比克泰德（约55—约135），罗马斯多葛派哲学家，主张人的内在自由。
② 原文见《论语·颜渊》："樊迟问仁。子曰：爱人。问知。子曰：知人。"

魂，它使每个生命都做其应该做的事：这个灵魂在树木里，就让它向着太阳生长，在花朵里就让它结出种子，在种子里就让它落入大地生根发芽。在人的身上，这个灵魂就让他用爱与其他生命结合在一起。

一个印度哲人说："就像母亲疼爱自己的独子，照料他、保护他、教育他一样，你们每一个人，都要在自己身上种植、培养和珍惜那世上最宝贵的东西：对他人和对一切有生命者的爱。"所有的信仰都是这样教导的：婆罗门教，佛教，犹太教，中国的宗教，基督教，穆罕默德的宗教。因此，世界上最为必要的东西就是学会爱。

中国有哲人孔子、老子，还有一个不太出名的哲人墨翟[①]。墨翟教导说，应当启发人们的，不是对强力、对财富、对权势和对蛮勇的敬重，而是对爱的遵奉。他说：人们受到的教育是，他们最可宝贵的是财富、荣耀，他们关心的只是怎样尽可能多地去获取财富和荣耀，但应当教育人们的是，要让他们把爱视为最高尚的东西，在生活中注意自己是否习惯于爱他人，要让他们把全部的精力都用于学会爱。

人们没有听从墨翟。孔子的学生孟子与墨翟发生争论，他说，不能只以爱为生。中国人听从了孟子。五百年之后，基督把墨翟的学说同样教导给人们，但他的教导比墨翟更有益、有

[①] 原文注音为"米提"，想应为墨翟，墨子的兼爱思想与此相类。但下面说孟子与之发生争论，则是附会，因二人基本不是同时代的人，另墨孟有关仁爱的思想也不像托氏所说的如此相左。孟子曾与墨子的信徒夷之争论过"爱无差等"的问题，参见《孟子·滕文公上》。

力而简明。但是，如今尽管没有人来反驳爱的学说，基督的门徒们却毕竟没有实现他的教导。不过这个时代就要到来了——它正在走近，人们将义无反顾地去完成这个教导，因为这个教导已植入所有人的心中，不完成这教导已使人们感受到越来越大的痛苦。

总有一天人们会终止争斗、厮杀和死刑，他们将彼此相爱。这个时代不可阻挡地即将到来，因为所有人灵魂中被植入的不是憎恨，而是互爱。让我们尽其所能，以使这个时代尽快到来。

五 只有爱赋予人真正的幸福

你想获得善吗？你的想法一定会实现，只要你想获得的对所有人而言都是善。而只有爱能赋予人以这样的善。

"谁想保住自己的生活，谁将失去它；而谁想把自己的生活献给善，他将保住它。一个人即使获得了整个世界，而灵魂受到损坏，这也毫无益处。"基督这样说。一个异教徒，罗马的皇帝马可·奥勒利乌斯也这样说过。"我的灵魂啊，"他对自己说，"什么时候你才能成为肉体的主宰？什么时候你才能从世俗的欲望和忧虑中解脱出来，并且不再要人们用生命或死亡来为你服务？什么时候你才能明白，真正的幸福始终都在你的支配之下，而它只在于一点：对所有人的爱？"

人若说自己在光明中，却恨他的弟兄，他仍是在黑暗里。那爱自己弟兄的，就处在光明中，不受恶的引诱。那恨自己弟兄的，即处在黑暗里的，在黑暗里行，不知去往哪里，因为黑暗叫他眼睛瞎了。……我们去爱，不要只在言语和舌头上，而要在行为和诚实上。由此可知我们是属于真理的，我们的心可得安稳。（引自《约翰一书》）

那些形形色色的传教士们是否正确，我不知道，也无法清楚地知道，但我所能做的更有益的事，就是发扬我心中的爱，这一点我知道得清清楚楚，无论如何不会对此产生怀疑。我不可能怀疑，因为爱的发扬立刻就会滋养我的幸福。

如果所有人融为一体，则我们赖以区别于他人的个体生活将不复存在，因为我们的生活就在于使分离者越来越紧密地结合。真正的生活，以及人类生活唯一真正的幸福就在于此，即，使分离者越来越紧密地结合。

我们一切都可找到，只是不善于找到自我。这真是咄咄怪事！人在世上生活许多年，当他感觉自己至高无上的时候，便无从发现自我。人只要注意到这一点，他立刻就会明白，真正的幸福是什么；他立刻就会明白，只有当他的灵魂中有对他人的爱时，才会生活得好。

显然，我们很少独立地思考问题，并且至今还没有察觉这一点。

我们败坏了自己的头脑，不去努力认识那我们急需的唯一的东西。

让我们哪怕暂时地抛开世俗的奔忙,审视一下自己的内心,就会明白,我们的幸福是什么。

我们的肉体是虚弱的,不洁净的,死寂的,但其中蕴藏着一座宝藏——上帝的不朽灵魂。一旦我们在自身觉悟到这个灵魂,我们就会对他人待之以爱,而如果我们爱他人,我们就会得到我们的心灵渴望的一切:获得幸福。(斯科沃罗达)

人只有明白了肉体生活的脆弱和不幸,才会明白爱所赋予他的全部幸福。

肉体的幸福和各种各样的满足,我们都可以得到,只要从他人身上去抢夺。灵魂的幸福,爱的幸福,我们也可以得到,不同之处在于,前提是只有增加他人的幸福。

我们生活的所有改善:铁路、电报、形形色色的机器,都有利于人们的结合,因此也有利于走近天国。但不幸的是,人们迷恋这些改善设施,他们以为只要建造大量的各种各样的机器,就会使他们接近天国。这种谬误就如同一个人不停地在一块土地上耕耘,但却不撒一粒种子一样。为了让所有这些机器发挥作用,应当使所有人完善自己的灵魂,在心中培养爱的情感。没有爱,则那些电话、电报、飞行器,都不会使人们相结合,相反,却会使人们分隔得越来越远。

当一个人寻找就背在他身上的东西时,他是可怜而可笑的。同样，当一个人寻找善，而不知道它就在已植入他心中的爱里面时，他也是可怜而可笑的。

不要去观望外界和他人所做的事，而要审视自己的灵魂，你就会在其中找到你曾在本没有幸福的地方去寻找的那种幸福，你也会找到爱，而找到了爱，你就会知道，这种幸福是如此伟大，谁一旦拥有它，谁就将不再企盼任何其他的东西。(克里希纳[①])

当你感到苦恼，当你害怕他人，当你的生活变得糟糕的时候，你要对自己说：不去再想那些与我相关的事了，我要爱所有与我相遇的人，别的都不想，随它去吧。只要尝试一下这样生活，你会看到，突然之间一切都变得有条有理，你将无所畏惧，也无所欲求。

对朋友行善，以让他们更加爱你；对仇人行善，以让他们成为你的朋友。(克莱俄布卢[②])

桶里装满水，即使桶底只有一个小孔，水也会流光，同样，人的心中即使只对一个人抱有敌意，那他灵魂中所有爱的喜悦都难以保持。

有人说："如果一个人以怨报德，而你却对他行善，图的是什么呢？"我们说，如果你爱那个你为之行善的人，你就已经

[①] 克里希纳，印度神话中大神毗湿奴的化身，被认为是印度教宗教哲学思想家。
[②] 克莱俄布卢(公元前6世纪)，古希腊哲人，罗德岛林都斯城邦僭主。

在对他的爱中得到了奖赏，而如果你能以爱来对待他加之于你的恶，那你还会在自己的灵魂中得到更大的奖赏。

如果做善事是出于某种目的，那么它已不是善事。真正的爱只发生在你不知其然也不知其所以然的时候。

人们常常想，如果他们爱他人，他们就是以此来侍奉上帝。事情恰恰相反。如果你爱他人，那不是你侍奉上帝，而是上帝赋予了你所不曾得到的东西，赋予了你生活中最大的幸福——爱。

我们因为爱自己的弟兄，就知道，我们已是出死入生了。凡不爱自己弟兄的，没有永生存在他身上。（据《约翰一书》3：15①）

有这样一个关于爱的寓言。

从前有一个人，从不考虑自己，从不关心自己，他考虑和关心的只有别人。

这个人的生活是这样令人惊奇，以至一群无形的精灵对他善的生活大加叹赏，为之欢欣鼓舞。

一次，其中一个精灵对另一个说："这是个圣人，奇怪的是，他还不知道这一点。世上这样的人太少了。我看咱们去问问他，我们能为他做点什么，他希望我们送给他点什么礼物。""好吧。"其他所有的精灵都说。于是一个精灵就无声而

---

① 应是据《约翰一书》3：14—15 改编。

无形地，但却清楚而明白地对那个善人说："我们看到了你的生活，你的神圣，我们想知道，我们可以送给你点什么呢？说吧，你想要什么？是希望你能解除你看到的所有人的贫困，还是为某个人祝福？这我们能做到。或者你希望我们赋予你一种力量，使你能让人们摆脱疾病和痛苦，同样，使你为之祝福的那个人不会早亡？这些也都在我们的掌握之中。或者你希望世上所有的人——男人，女人，孩子——都爱你？这我们也能做到。说吧，你希望什么？"

这圣人说："这些我都不希望，因为上帝会不失时机地使人们摆脱他给予他们的东西：摆脱贫困和痛苦，摆脱疾病，避免夭亡。我也害怕人们的爱。我怕的是，人们的爱会诱惑我，会妨碍我唯一重要的事，即在自身滋养对上帝和对他人的爱。"

所有的精灵都说："这个人是以真正的神性而成为圣人的，是真正爱上帝的人。"

爱只是付出，而无所需求。

4 幸福的希望在于努力

把获得拯救和幸福的希望寄托在并非个人努力的某种东西上——没有比这更使人意志松懈的了。

一 摆脱罪孽、邪念和迷信——要靠自己努力

罪孽、邪念和迷信扼制并遮蔽了人的灵魂。为了使灵魂在人自身彰显出来，人必须在意念中做出努力；因此可以说，人生的主要任务就在这意念的努力之中。

舍己为人可使人摆脱罪孽，谦恭自省可使人摆脱邪念，坚持真理可使人摆脱迷信。但为了使人能做到弃绝淫欲，面对自傲这种邪念而保持谦恭，并以理性检验蛊惑人心的迷信，他必须做出努力。只有意念的努力才能使人摆脱剥夺他幸福的罪孽、邪念和迷信。

天国要靠努力争取。天国就在你们心中。(《路加福音》16：16；17：21）福音书中的这两个诗句的意思是，人只有靠意念的努力才能战胜自身的罪孽、邪念和迷信，而这些东西阻碍着天国临近的脚步。

在这里，在地球上，没有，也不可能静止，因为生活——就是向那个永远也不能完全到达的目标不断接近。静止是不合理的。我说不出来这个目标是什么；但无论它是什么，它都是存在的，而且我们知道，我们正在向它走近。失去了这个进程，生活就成了一场毫无意义的骗局。我们要走近这个目标，只有靠自己的努力。（朱塞佩·马志尼）

让一切越来越美好——生活的全部任务就在于此，而让一切变好只能靠努力。

每个人都懂得，不努力，在物质劳动中你将一事无成。应当明白，在生活的主要任务上，在灵魂生命上，不努力也将一无所获。

人的力量不在于他能把铁条拧成结，也不在于他能拥有上十亿或上万亿的卢布，也不在于他能用自己的军队征服一个民族，比这些能力重要十倍的是，人能够以其全副的灵魂宽恕欺侮他的人，当他知道自己产生邪恶的欲望时，能够克制它，能够时时刻刻想到在他的身上存在着上帝的灵魂。

在遇到善事的时候，不要说："这不值得去卖力——这太难了，绝对做不到。"不要这样想，也不要这样说；任何努力，尽管努力的目的可能无法达到，或者这个目的并不重要，但任何的努力都会使灵魂更强大。

做坏事很容易——这些坏事就是造成我们不幸的根源；而那些对我们有益的事，只有靠努力才能做到。（佛教哲理）

如果一个人把他本来愿意做的事当作常规来做，那么时间长了他就不再想做这些事了。真正的事业只能是这样的：为了完成这个事业必须付出艰苦的努力。

在领悟善的道路上，绝不会铺满嫩草和鲜花；人要走这条路，只有穿越崎岖的峭岩。

寻找真理的过程没有欢乐，只有激动和不安；但无论如何必须寻找，因为不找到真理，不爱真理，你将葬送生命。——但你会说，若是真理想让我找到它，爱上它，它会自动显现在我面前的。——它是在你面前显现着，但你并没有注意到这一点。去寻找真理吧——这是它所期待的。（帕斯卡[①]）

二 要做到以灵魂为生，必须努力

我——是上帝劳作的工具。我的真正幸福，就在于参与他的劳作。而我只能以意念的努力来参与他的劳作，我做出意念的努力，是为了使上帝授予我的工具——即我，我的灵魂——保持纯净，锋利，使用得手。

对于人来说最宝贵的莫过于自由，按照自己的意志，而不是按照别人的意志生活。为了过上这样的生活，人必须要为灵魂而生。而要做到为灵魂而生，必须克制自己的肉欲。

人类全部真正的生活不是别的，只在于从低级的动物本性阶段，向着越来越高的灵魂生命的觉悟逐渐过渡。

[①] 帕斯卡（1623—1662），法国宗教哲学家、作家、数理学家，著有《思想录》等。

当我们被噩梦所惊吓而无力承受时,我们会努力醒来,回到清醒的现实之中。

同样,当生活变得无法忍受的时候,也应当这样做。在这种时刻,必须要以意念的努力走向新的、更高的灵魂生活。

为抵制罪孽、邪念和迷信而做出努力是必要的,因为只要你停止与这些东西斗争,肉体就会将你制服。

我们觉得,真正的劳动只是为了那些有形的东西:建造房屋,耕地,喂牲口,而为了自己的灵魂,为了某些无形的东西而劳动是无足轻重的,是可做可不做的事,而实际上,任何一种别的劳动——除了为灵魂、为了使自己的精神变得越来越高尚、越来越富有爱心的劳动之外——任何一种别的劳动都是微不足道的。只有这种主要劳动才是真正的劳动,在生活中,只有当这种劳动在进行的时候,其他所有的劳动才有意义。

那认识到自己的生活不好并试图加以改善的人,不要以为,只要他改变了生活条件,就可以使生活得到改善。为了调整生活,他应该,也能够做到的,不是改变外部条件,而是改变内在的自我和灵魂。而这是随时随地都能做到的。并且这种工作对每个人来说都足够了。只有当你的灵魂发生变化,以至你再也不能继续从前的生活,这时,再来改变你的生活,而不是当你以为只要你改变了生活,就可以轻易地使自己焕然一新的时候,而去改变生活。

对于每个人来说，生活中只有一件重要的事。这件事就是改善自己的灵魂。

唯有这件事是人人与生俱来的。其他的一切与这件事比较起来，都微不足道。这个道理是很明显的，因为只有在这件事中人不会遇到阻碍，人唯有做这件事才会永远快乐。

要以桑蚕为榜样：它不停地劳作，直到能飞为止。而你是附着在地上的。为自己的灵魂劳作，你就将生出翅膀。（据西里西亚的安杰勒斯）

三 只有靠意念的努力才可达到自我完善

"你们当完善，像你们在天之父的完善一样。"[①]——福音书中这样说。这话的意思并不是说，基督让人达到像上帝一样的完善，而是说，伟大的人必须做出意念的努力，以走近完善。至高至善——这是上帝；人的任务就是走近这种完善，而人的生活也就在于这个走近的过程。

任何生命都不是一下子，而是一点一点生长起来的。不可能一下子掌握所有的学问。同样也不可能一下子就战胜罪孽。为了使生活更加美好，只有一种方法：智慧的思考和坚持不懈的努力。（钱宁）

---

① 《马太福音》5：48。

莱辛说过，给人以快乐的并不是真理本身，而是人为获得真理所付出的努力。同样，在谈到美德时也可以这样说：由美德带来的快乐，就在于追求美德的努力之中。

在国王成汤的浴盆上刻着这样的话："每日都使自己重新完善；这样从头做起，再从头做起。"（中国哲理[①]）

如果人们没有从事研究，或者从事研究而没有成就，但愿他们不会绝望，不会放弃；如果人们没有把他不懂的可疑问题拿来问有学识的人，或者问了但没有因此而增添学识，但愿他们不会绝望；如果人们没有思考，或者思考了但仍没明白善的实质是什么，但愿他们不会绝望；如果人们不能区分善恶，或者能够区分但对此没有明确的观念，但愿他们不会绝望；如果人们没做善事，或者做了但没有尽自己全部的力量，但愿他们不会绝望；别人能一次做成的事，他们可以做十次；别人一百次能做成的事，他们可以做一千次。

那实实在在按照这努力不懈的原则行事的人，无论他怎样学识浅陋，他一定会成为学识渊博的人；无论他怎样弱小，他一定会强壮起来，最终，无论他怎样德行败坏，他一定会成为品德高尚的人。（中国哲理[②]）

[①] 原文出自《大学》："汤之《盘铭》曰：苟日新，日日新，又日新。"成汤即商汤，商朝开国君主。
[②] 原文见《中庸》："有弗学，学之弗能弗措也；有弗问，问之弗知弗措也；有弗思，思之弗得弗措也；有弗辨，辨之弗明弗措也；有弗行，行之弗笃弗措也。人一能之，己百之；人十能之，己千之。果能此道矣，虽愚必明，虽柔必强。"

如果一个人做善事，仅仅是因为他已习惯于这样做，那么这还不是善的生活。只有当人为了成为有善德的人而做出努力的时候，善的生活才会开始。

你说："不值得做什么努力：无论你怎样努力，都无法达到完善。"但是要知道，你的使命不在于达到完善，而只在于越来越近地走向完善。

人不可随意地看待恶，不可在心中说："我如此远离恶，它沾染不上我。"滴水可以满缸，一点一点地作恶，人便会成为恶贯满盈的疯子。

人不可轻率地看待善，不可在心中说："我无力行善。"正如滴水可以满缸，一点一点地行善，人便可成为奔向幸福的功德圆满的人。（佛教哲理）

为了让生活没有悲伤，充满欢乐，应当永远善待所有生命——不仅人类，还有动物。要想永远为善，就必须学会这样做。而要学会这样做，必须杜绝一切不良行为，而不是因这不良行为责备自己。

只要你这样做——很快就能学会善待所有的人和动物。而学会做善事，你的心中就将永远充满欢乐。

衡量一个人的美德，不是看他是否做出过惊天动地的伟业，而是看他是否做出过日常的努力。（帕斯卡）

四 为了走近完善,人只能寄希望于自己的力量

请求上帝或他人,让他们来使你摆脱恶劣的处境,这是何等荒谬啊!人不需要帮助,不需要摆脱他所处的困境,人需要的只有一点:靠自己意念的努力,以摆脱罪孽、邪念与迷信。只有做到摆脱了罪孽、邪念与迷信的程度,他的处境才会得到改善。

把获得拯救和幸福的希望寄托在并非个人努力的某种东西上——没有比这更使人意志松懈的了。

必须要摆脱这样的想法,即上天会纠正我的错误。假如你们做了一顿糟糕的饭菜,你不会认为,天道会使它变得美味可口;同样,如果你们多年以来在丧失理性的状况中过着荒谬的日子,那就不要指望神灵的帮助会安排和引导一切走向美好。(约翰·罗斯金[①])

在你的心中有着对尽善尽美的认识。但在你心中也有着达到尽善尽美的障碍。鉴于你的这种处境——就需要努力工作,以走近完善。(卡莱尔[②])

你自己作孽,自己为恶,自己逃脱孽海,自己清除邪念,

---

① 约翰·罗斯金(1819—1900),英国作家,评论家。
② 卡莱尔(1795—1881),苏格兰作家,历史学家。

自己成为龌龊的或洁净的——别人无法拯救你。(《法句经》[①])

如果说，我无法克制自己不做坏事，这就等于说，我不是人，是动物。人们是常常这样说的。但无论他们怎样说，他们在自己的灵魂深处都知道，只要他们活着，他们就可以停止做坏事，开始做好事。

不存在任何道德原则，如果我不能遵守它的话。人们说：我们生来就是自私的，吝啬的，淫荡的，我们无法改头换面。不，我们有办法。首先——让我们的心灵觉悟到，我们是什么，我们应当成为什么；其次——做出努力，以接近那我们应当成为的样子。(索尔特[②])

人必须要发展自己向善的禀赋。天命并没有把这种禀赋以完美的形式植入人的心中；那还仅仅是一种禀赋。改造自我，使自我更加美好——这就是人生的主要任务。(康德)

五 改善共同的生活，只有一条途径——每个人都为达到善的和道德的生活而努力

人们要走近天国，即走向善的和幸福的生活，只有靠每个人为过上善的生活而努力。

---

① 《法句经》，印度巴利文佛经，宣传基本教义的箴言集。
② 塞缪尔·索尔特(？—1778)，英国宗教作家。

如果你看到社会制度是坏的,你又想改造它,那么你得知道,为此只有一种办法,即让所有人都做得更好。而为了让所有人都做得好,你力所能及的只有一点:自己做好。

常听到人们议论,为了改善生活,为了根除邪恶和建立合理的生活,你所做出的所有努力都是徒劳的,因为一切都会自然而然发生。人们坐在一艘船上,但水手们到岸后都离船而去,剩下的游客们又不去操桨,因为他们想,船会像刚才一样航行的,于是那只船就这样航行至今。

"是呀,假如人们当时都明白这是坏事而不该去做的话,事情本来不致如此。"——人们在谈起生活中的恶时,常常这样说。"设想一下,一个人放弃了作恶,拒绝参与恶行——这对于共同的事业,对于大家的生活能产生什么影响?人们生活的改变要靠全社会来做,只靠单个人是不行的。"

不错,一只燕子带不来春天。但难道因为一只燕子带不来春天,这只已感受到春天即将来临的燕子,就不再飞翔,而只是坐等吗?如果每一颗花蕾和小草都这样等待,那么春天将永远不会到来。对于我们建立天国来说也是如此,不应该只考虑我是第一只还是第一千只燕子,哪怕只有你一个,只要此刻你已感受到天国的临近,就应该为了实现天国去做那必须做的事。

"你们祈求,就给你们;寻找,就寻见;叩门,就给你们开门。因为凡祈求的,就得到,凡寻找的,就寻见,凡叩门的,就给他开门。"(《马太福音》7:7—8)

"我来,要把火丢在地上,倘若已经着起来,不也是我所愿意的吗?"(《路加福音》12:49)

但为什么这束火迟迟着不起来呢?如果说,许多世纪都已经过去了,基督教也没有改变社会生活体制,那么我们有什么权力认为,它今天可以改变这一切呢?大多数被迫必须承认基督教为真理的人,还是没有把这种真理作为自己的行为准则。这是为什么?只是因为,人们等待的只是外在条件的改变,而不想弄明白,要达到这一点必须靠每个人在灵魂上的努力,而不是靠什么外在条件的变化。

我们的生活是坏的。为什么?

因为,人们不好好生活。而人们之所以不好好生活,是因为他们本身就是坏的。所以,为了终止这种坏的生活,必须要让人们从坏人变成好人。怎么才能做到这一点呢?任何人也做不到改变所有人,但改变自己是人人都能做到的。开始会觉得,即使能做到也于事无补,因为一个人变了,所有人不变,那又能说明什么呢?但问题在于,人人都在抱怨恶劣的生活。这样的话,如果所有人都明白,坏的生活起因于坏的人,并且所有人都明白,任何一个人也无法改造别人,但可以改造自己,就是说可以使自己由坏的成为好的,于是大家都来自我改造的话,那么整个生活立刻就会得到改善。

所以说,坏的生活起因在我们,使生活变好也在于我们。

六 为达到完善而做的努力，给人以真正的幸福

道德的努力和生命觉悟的喜悦是交替出现的，正像体力劳动之于休息的喜悦一样。不经过体力劳动就得不到休息的喜悦；没有道德的努力也就得不到生命觉悟的喜悦。

对善德的奖赏就在行善的努力之中。（西塞罗①）

人在不劳动的时候，如果感到肌肉疼痛，会叫喊起来，而在劳动的时候也体验到这种疼痛，便不会在意。同样，一个不在自己的内心世界进行灵魂劳动的人，会因为苦难而感受到难以忍受的痛楚，而对于把为摆脱罪孽、邪念和迷信，即为了达到道德完善而做出努力，视为人生主要任务的人来说，他们也经受了这些苦难，但却并不在意。

不要指望你为向善而做的努力会迅速获得成功，也许你永远也看不到这种成功。你将看不到自己努力的成果，因为，你所趋向的完善，在你移动的同时，它也移动了同样的距离。意念的努力——不是获得幸福的手段，意念的努力本身就赋予你幸福。

神会给予动物所需的一切。但不会给人——人应当靠自己

---

① 西塞罗（前106—前43），罗马演说家，政治活动家。

去获取所需的一切。人的高等智慧并非与生俱来；他必须靠劳动来获得智慧，劳动越多，所得奖赏越多。(巴布教规表[①])

天国要靠努力争取。这就是说，为了摆脱邪恶，成为有善德的人，必须经过努力。为了戒除恶欲，也需要努力。只要戒除恶欲，你就会做善事，因为人的灵魂是喜爱善的，要做善事，只有使灵魂摆脱邪恶。

你们——是行动自由的人，这你们感受得到。那些有关命运和自然法则主宰一切的形形色色的言论，将永远无法迫使人类自由的两个坚贞不屈的见证者缄默不语：这就是良知的谴责和殉难的伟大。从苏格拉底到基督，从基督到世世代代为了真理而死的人们，所有信仰的殉难者都证明了这种奴隶学说的荒谬，他们对我们高声说道："我们也爱生命和所有的人，我们的生命因他们而美好，他们祈求我们去制止争斗。我们心脏的每一次跳动都向我们发出呐喊：活下去！但为了尊奉生命的法则，我们宁可去死。"

此外，从该隐直到当今最卑劣的人，所有选择了邪恶之路的人，都会在灵魂深处听到令他们不得安宁的谴责、痛斥、呼喊，这些声音无休止地向他们反复质问：你们为什么背离真理之路？你们过去，现在，都可以做出努力。你们——是行动自由的人，是沉迷于罪孽，还是摆脱罪孽，无论过去还是现在，都由你们自己掌握。(马志尼)

[①] 巴布教规表，巴布教为伊朗的一种宗教。米尔扎·阿里·穆罕默德1844年自称巴布（阿拉伯语："门"），即通向救世主的媒介，据此而创立巴布教。

5 活在当下

时间是没有的,有的只是瞬间……在这绝无仅有的瞬间之中,我们应当全力以赴。

一 真正的生活不存在于时间

人们觉得,他们的生活是在时间中度过的——在过去,在未来。但这只是一种感觉。人真正的生活并不是在时间中度过的,而是始终存在于一个非时间的点上,过去与未来在这个点上相交汇,我们错误地把它称为现在时。在这个现在时的非时间的点上,也只有在这个点上,人才是自由的。因此,人真正的生活是存在于现在之中,也只存在于现在之中。

过去的已不存在,未来的尚未出现。存在的是什么呢?只有那个未来与过去相交汇的点。这个点看起来是虚无的,但实际上我们的全部生活只存在于这个点上。

我们只是觉得时间是存在的。其实它不存在。时间——这只是一种器具,借助于它我们逐渐地看到那真实存在和始终如一的东西。眼睛并不是一下子就看到一个球的,为了使眼睛看到这个球,必须使球在注视着它的眼睛前面转动。世界就是这样展现开来的,或者说,世界好像是在时间中在人的眼前展现开来。对于高等智慧来说,时间是不存在的:将有的即是存在的。时间与空间——这就是把无限的事物打碎,以便为有限的生命所利用。(阿米尔[①])

[①] 阿米尔(1821—1881),瑞士人,以充满哲理的《私人日记》而闻名。

既无"以前",也无"以后":那明天将发生的,已经在永恒中实存。(西里西亚的安杰勒斯)

时间和空间是不存在的:我们把这两者看得必不可少,是为了有利于理解事物。因此,说存在着某些星球,它们的星光尚未到达地球,把这种论断,以及有关太阳数百万年前的状态等论断看得意义重大的想法是极为错误的。在这些论断中不仅没有任何重大之处,而且没有任何严肃之处。这一切都是无聊的智力游戏。

时间是没有的,有的只是瞬间。而我们的全部生活就在于此,在这瞬间之中。因此,在这绝无仅有的瞬间之中,我们应当全力以赴。

如果生活超乎时间之外,那么它为什么会显现在时间和空间中呢?这是因为运动,即对广大、澄澈和完美境界的追求,只会存在于时间和空间之中。假如没有时间和空间,就没有了运动,没有了生命。

二 人的灵魂生命是超乎时间和空间之外的

时间只是为肉体生命而存在。但人的灵魂生命永远超乎时间之外。灵魂生命超乎时间之外的原因是,人的灵魂生命的活动仅仅体现在意念的努力之中。而意念的努力是永远超乎时间之外的，因为它永远只存在于现在之中，而现在并不存在于时间。

我们无法想象死后的生活，也不能忆起降生前的生活，因为我们无法想象任何超乎时间之外的东西。然而我们却比对任何东西都更清楚超乎时间而存在于现在之中的我们的生活。

我们的灵魂被投入到肉体，它在肉体中找到数量、时间、维度。它对这些做出评判，称之为自然和必然，而不会有其他的考虑。（帕斯卡）

我们常说时光流逝。这并不对。流逝的不是时光，而是我们。当我们在河上乘船的时候，我们感觉到，是河岸，而不是我们所坐的船在走。时光也是如此。

应当经常提醒自己，我们的真正生活不是外在的、肉体的，即我们正在地球上度过的、在我们眼睛里显现的这种生活，其实，在我们心中与这种生活同时相伴的，还有另外一种内在的、灵魂的生活，它既无始，也无终。

三 真正的生活只存在于当下

我们生而具有记忆过去和设想未来的能力，它仅是为了按照这两方面的想象，正确地决定现在的行为方式，而绝不是为了惋惜过去和筹备未来。

人只生活在现在的瞬间之中。其他的一切，或者已经过去，或者不知是否将会出现。（马可·奥勒利乌斯）

我们之所以痛惜自己的过去，毁掉自己的未来，原因是很少为现在而操劳。过去的已经过去，未来的尚不存在，存在的只有现在。

我们未来的状态相对于我们今天的状态来说，永远都是一个幻想。

重要的不是生命的长度，而是生命的深度。问题不在于生命的延续，而在于使生命不依赖于时间而度过。而要使我们的生命不依赖于时间，我们只有靠善的努力来生活。当我们这样来生活的时候，我们就不会给自己提出时间的问题。（据爱默生）

"既可即夕而死，也可与世长存"——就是说你要这样生活，就好像每一分钟都会成为生命的最后一刻，你只能来得及做最重要的事，从另一个角度说，就是这样生活，就好像你要把你所做的事无限期地做下去。

时间在我们之后，时间在我们之前，在我们存在的时候不存在时间。一旦你更多地想到过去有过的和未来将有的，你便失去了最主要的：现在的真正的生活。

瞬间只是瞬间——人们觉得瞬间是不重要的，往往疏忽了它，然而人的全部生活就在于此，只有在这现在的瞬间之中，人们才可以做出努力，以争取天国在我们心中和我们身边降临。

与恶习斗争只有在今天，而不能等到明天。[①]（孔子）

除了我们此刻所做的事外，一切都无足轻重。

不考虑明天是对的；但为了不去考虑明天，只有一个办法：就是每时每刻都提醒自己，我是否完成了此日、此时、此刻应做的事。

在与他人交往的过程中，在沉湎于往事和未来的时候，你很难意识到你的生活就存在于现在的这一刻之中。但保持这样的意识是何等重要和珍贵啊！要努力使自己养成这个习惯。人如果能牢记不忘，生活中最重要的只有现在，也只有现在是存在的，那么他将会避免许多恶。除了现在的，其他一切都是幻想。

只要你走入过去和未来，你就会走出现在的生活，因此而立刻失去庇护和自由，变得孤苦伶仃。

"有多少精神上的痛苦啊——不过这一切都将在片刻之后消亡！所以，没有什么可忧虑的。"
不，这种说法是不对的。你的生命只在此刻。时间是没有

[①] 出处不详，意相近者或为《论语·里仁》："朝闻道，夕死可矣。"

的，如果你在此刻与上帝共存的话，此时一刻足以抵得百年。
（据阿米尔）

人们说：人是不自由的，因为他所做的一切，在时间意义上都已由前因所预定。但是人的行为永远只存在于现在之中，而现在是超乎于时间之外的——它只是过去与未来的一个接触点。因此，人在现在的瞬间中永远是自由的。

生命神圣的自由力量只有在现在之中才能显现，因此现在的行为一定会具有神圣的本质，即一定是理性的和善的。

有人问一个哲人：什么事最重要？什么人最重要？生活中什么时间最重要？

哲人回答说："最重要的事——就是与所有人共同相爱，因为每个人生活的任务就在于此。

"最重要的人，就是你在此刻所交往的人，因为你任何时候都不可能知道，你将来是否还会同另外的那个人再次相见。

"最重要的时间——唯有现在，因为只有在现在之中你才能把握自己。"

四 爱只显现于当下

生活中最主要的事——就是爱。而爱既不能在过去，也不能在未来。爱只能显现于现在，此时，此刻。

只有当你的行为既不受过去,也不受未来所左右,而只听命于你现在的灵魂要求的时候,你才能完全以爱心去行事。

爱——是神圣本质的体现,对它来说时间是不存在的,所以说爱只显现于现在,显现于此刻,显现于现在的每一个瞬间。

不必去考虑未来,而只应在现在去努力为了自己和他人,使生活变得充满快乐。"明天的事自有明天操心。"这是一条伟大的真理。美的生活就在于,你根本不会知道明天需要什么。只有一点是必需的,也是永远适用的——就是在此时此刻对他人的爱。

爱——总的说来就是做善事。我们大家都是这样理解的,也不会把爱理解成别的。

爱不仅表现在口头上,更要表现在行动上,我们保持爱心以换得他人的幸福。

如果一个人决定,为了未来的更为博大的爱,他最好克制此刻最细小的爱心的愿望,那么他不过是在自欺欺人,其实除了他自己,他谁也不爱。

未来的爱是不存在的:爱只存在于现在之中。如果一个人现在不以爱心待人,那么他就没有爱心。

你想得到善。而善只能存在于此时:善不可能存在于未来,因为未来是不存在的。有的只是现在。

如果你能在此刻做善事的话，任何时候也不要放弃，因为死亡分不清你是否已做过该做的事。死亡不等待任何人和任何事。因此对于人来说，世上最为重要的，就是他此刻所做的事。

假如我们能常常醒悟到，逝去的时光是一去不复返的，已做过的恶将再也来不及改正，那我们就会更多地行善，更少地作恶。

我们将不再拖延，我们要做有正义感和同情心的人。我们将不再等待他人或我们的巨大痛苦。生命是短暂的，因此在这短短的路程中，让我们快来激起旅伴们心中的喜悦。让我们抓紧时间来做善良的人吧。（阿米尔）

要记住，如果你能够做好事，对某个人展示爱心，那么就应当在此刻去做，因为时机转瞬即逝，永不复返。

好人记不住他们做的好事；好人忙着做手里的事，顾不上去想做过的事。（中国谚语）

五 准备生活是一种邪念，它代替了生活本身

"现在我可以暂时不去做该做的和良知所要求的事，因为我还没准备好，"人往往这样对自己说，"这下我准备好了，该是开始完全按我的良知生活的时候了。"

这种论调的谬误就在于，人放弃现在的、唯一有实际意义的生活，而把它寄托于未来，而那未来并不是属于他的。

为了不堕入这种邪念之中，人应当明白和记住，他没有时间去筹备，他必须在他存在的此刻以最佳的方式生活，他所需要的完善只是爱心的完善，而这种完善只在现在之中得以实现。因此，人不得放弃，而必须在每时每刻尽全力生活，以完成他降临世上所肩负的、唯一能赋予他真正幸福的使命。人在生活中必须要懂得，每时每刻他都可能会被剥夺完成这个使命的机会。

"等我长大了，我会做的。""等我上完学，等我结了婚，我会那样生活的。""等我有了孩子，等我给儿子成了家，或者等我发了财，或者等我搬了家，或者等我上了年纪，我会那样安排好的。"

无论孩子，成人，还是老人，都这么说，而谁也不知道，他是否能活过今天。当想到这些事的时候，我们无法知道，我们是否有机会来做，死亡是否会打断我们。

唯有一件事，死亡无法打断。死亡无法打断的，那就是，在我们还活着的每时每刻，我们都在执行上帝的旨意——爱他人。

我们常常想，并对别人说："在我目前所处的情况下，我不能做所有该做的事。"这种想法是何等荒唐！那包含着全部生活意义的内心劳动，每时每刻都是可能的。不管你是在监狱里，还是你生了病，不管你失去了什么外在的行动能力，不管你受到了什么样的欺侮和折磨——你的内心生活都在你的掌握之中：你可以在思想中谴责、非议、妒忌、憎恨他人，你也可以在思想中克制这些情感，而代之以善良的意愿。由此可见，你生活中的每一分钟都是属于你的，任何人也无法从你手中把它们抢走。

当我说"这件事我做不成"的时候，这种表述是不对的。我只能说，以前我没做成这件事。同样可以说，在现在的每时每刻我都能自行完成任何我想做的事，这一点我确信不疑。人懂得这一点是有益的。

意识到自己不舒服，想方设法解除病痛，更主要的是要明白：我现在不舒服，所以不能做事，等我病好了，那时再做——所有这些想法都是莫大的邪念。其实这就等于说：我不想要我已有的东西，而想要那没有的东西。你永远都可以为此刻所拥有的而高兴，永远都可以用已有的（即你所有的力量）去做一切可以做的事。

每一个现在的时刻都是紧急而关键的时刻。在心中要牢牢记住，每一天——都是一年中最佳的一天，每一刻——都是最佳的一刻，每一个瞬间——都是最佳的瞬间。之所以说它是最佳的，因为只有它是属于你的。（据爱默生）

为了以最佳的方式度过一生，应当记住，人的一生只存在于现在之中，在现在的每时每刻都要以最佳的方式完成自己的一举一动。

你感觉不好——于是你以为，这是因为你没能按你所希望的那样生活，假如你的生活换一种方式，你也许会很轻松地完成你认为应当做的事。这种想法是错误的。你拥有一切你所希望的东西。在生命中的每一刻，你都能做成你本来就能做成的最完美的事。

在生活中，在现在的生活中，最好的莫过于现有的。渴求现有以外的东西——即是亵渎。

Memento mori，不忘死亡！——是一句至理名言。假如我们能够记住，我们将不可避免地很快死去，我们的生活或许会发生彻底的转变。如果一个人知道，他半个小时之后死去，那么在这半小时之内他绝不会去做无聊的事、蠢事，更不用说去做坏事。但如果是半个世纪呢，这也许是个使你离死亡很远的时间，难道它与半个小时有什么不同吗？

我们行为的一切结果，是我们永远也无法把握的，因为在无限的世界和无限的时间之中，我们行为的结果也是无限的。

如果你能看到你的活动的所有结果，则你要知道，你这个活动就是微不足道的。

人们说："如果我们不知道生活中等待着我们的是什么，我们就没法生活。应当对未来的事做好准备。"这种说法是错误的。只有当你不去考虑我的肉体将会发生的事，而只考虑为了灵魂我此刻必须做的事,才会有真正的好的生活。而为了灵魂需要做的只有一点:使我的灵魂与所有人和上帝结合在一起。

如果人考虑他所做的事会有什么结果,那么他做起事来就只会为自己着想。

对善的生活的奖赏绝不会在未来,只能在此刻,在现在。此刻你以好心做事——此刻你便舒畅。而你以好心做事,结果不可能不是好的。

六 对于明白现在生命意义的人来说,不存在对死后生命的疑虑

我们对于未来生命的想法是混乱的。我们常常问自己,死后将是什么样子?但其实这是无须考虑的——无须考虑的原因是,生命与未来这是一对矛盾体:生命只存在于现在之中。我们觉得,生命是存在过和将会有的——实际上生命只是现存的。应当解决的不是有关未来的问题,而是现在、此刻该如何生活。

对于肉体的生命我们总是不知底细,因为肉体的生命都是在时间中度过的,而我们不可能预知未来。而在灵魂生命的领域里,我们是无所不知的,因为对于灵魂生命来说没有未来。因此,在我们的生命由肉体向灵魂过渡的过程中,在我们着眼于现在而生活的时候,我们对生命的疑问就会逐步减少。

不管是我们希望将来成为天使,还是相信我们过去曾是一群懦夫,无论如何,对于我们所肩负的劳动任务,我们都必须真诚地、无可挑剔地完成。(约翰·罗斯金)

我们生活中最主要的问题在于,是在生命中注定的短暂时光中来做那赋予我们生命者希望我们做的事,还是做我们自己的事?

随着生活的延续,特别是随着善的生活的延续,时间的意义和对未来的兴趣就会逐渐减弱。年龄越大,时光流逝得就越快,有关"未来"的意义就越淡漠,而"现在"的意义就越来越明确。

假如你能把灵魂置于空间和时间之上,你就会在每一个瞬间获得永恒。(西里西亚的安杰勒斯)

6 | 自制

> 谁最强大?——是那善于克制自己的人。

一 善的生活最需要的是克制

人们败坏了自己的生活，原因是他们不仅不去做该做的事，还做了不该做的事。因此，人为了善的生活而必须在自身所做的主要努力是——不去做不该做的事。

对于所有人来说有一件最为重要的事。这件事就是过好的生活。而过好的生活——就意味着不仅是尽我们所能做好事，还要不做我们本可不做的坏事。最主要的——是不做坏事。

今天所有人都知道，我们的生活是恶劣的，人们一边谴责我们的生活制度，一边照他们的想法去做笃定会改善生活的事。但是生活并没有因此而得到改善，而是变得越来越坏。这是为什么呢？这是因为，人们为改善生活去做那些最繁杂、最沉重的事，但却没去做那些最简单、最容易的事，即，没有克制自己不去参与那些让我们的生活变坏的事。

人只有明确地理解了他不应当做什么，才可能知道他应当做什么。只要他不去做不该做的事，他就必然会去做该做的事，尽管他不知道为什么去做那些事。

问题：当你时间紧迫的时候，最好做什么事？回答：什么也不做。

当你精神颓丧的时候，应当把自己当作病人来看待；最主要的是——什么也别干。

如果你遇到不知所措的情况，那么请你先记住，保持克制总是好于有所行动。假如你无法保持克制，假如你大致知道那件事是好事，那么你最好不要问自己，是做还是不做；而假如一定要问，那么，首先，你知道你是可以保持克制的，其次，你要大致知道，那件事是否完全是好事。假如那件事完全是好事，你也就不会有什么疑问了。

如果你十分渴望一件事，甚至觉得你已无法克制了，那么你不要相信自己。如果说一个人什么事也不能克制，这不是真的。不能克制自己的，只有那种事先就让自己相信他不能保持克制的人。

每个人都应随时反省自己的生活，年轻人也不例外。如果你有一次因没有做该做的好事而懊悔，那么你就会千百次地因你做了不好的事和不该做的事而懊悔。

二 无节制的后果

不幸的不仅是没做该做的事，还有对不该做的事没有保持克制。

在一件事上不加节制，会削弱我们在其他事上节制的能力。无节制的习惯——这就是一座房子下面的暗河。这样的房子总是不免要倒塌的。

做了再改，比没有做更糟；仓促行事，比延误时间更糟。
因做过的事而产生良知的谴责，永远比因未做过的事而产生良知的谴责更痛切。

越觉得处境艰难，越不要轻举妄动。轻举妄动往往把本已开始改善的事搞坏了。

大多数被称作恶人的人之所以落到这个地步，是因为他们把自己恶劣的心态看作合情合理的事，便沉浸于这种心态之中，而不去努力对此加以克服。

如果你觉得无法克制肉体的欲望，其根源大概就在于，当你还能够克制的时候，你却没有加以克制，所以这些欲望对你来说就习以为常了。

三 并非所有行动都值得尊敬

这种想法是十分错误的：只要你有所作为，不考虑这个行为的性质如何，你所做的事都是值得尊敬的。问题在于，这个行为是什么性质的，人在什么情况下应当保持无为。一个人整天忙于诉讼事务,把人判处刑罚,或者教士兵们学射击,或者放高利贷,他在做这些事的时候,是在利用别人的劳动来满足自己的需求。

人们常常高傲地拒绝那些无害的娱乐,他们说没有时间,因为他们有事要做。实际上,善意而有趣的游戏比起许多事来都更必要,也更重要,而放开这一点不谈,那些大忙人们借以拒绝玩乐而做的事,往往是些最好什么时候也不要做的事。

对于真正改进生活来说,那些浮华的表面事务不仅是不必要的,而且是有害的。如果失去了靠他人劳动为自己换来的欢乐,而又不以内心的劳动来充实自己的话,无所事事就是一种沉重的状态,所以说,如果人脱离了以他人劳动换来的奢华条件而生活,这个人就将无法得到清闲。对人有害的主要不是清闲,而是做那些不必要而有害的事。

四 人只有意识到自己不是肉体的而是灵魂的生命时,他才会放弃恶劣的行为

为了学会克制,应当学会把自己分为肉体的人和灵魂的人,并制止肉体的人去做他想做的事,而让他去做灵魂的人想做的事。

当灵魂在沉睡而停止工作的时候,肉体会不可遏制地听从

由周围的人们所唤起的种种情感。别人打呵欠，他也打呵欠；别人悲伤，他也悲伤；别人发怒，他也发怒；别人感动，哭泣，他的眼里也会涌出泪水。

这种不由自主地对外部影响的服从，往往就成为违背良知的要求而做坏事的动因。所以要警惕这些外部影响，不一味地听从它们。

只要你从年轻的时候就习惯于让肉体的人服从于灵魂的人，你就会很轻易地克制自己的欲望。而习惯于克制个人欲望的人，在现世的生活中就会轻松而快乐。

五 与无节制行为斗争越多，斗争起来越轻松

在人自身进行着一场理智与情欲的战争。假如在一个人的身上只存在无情欲的理智，或者只存在无理智的情欲，人就可以得到某种安宁。但这两者在人身上是同时存在的，所以人无法逃避斗争，无法只与一方和平相处而不与另一方战斗。他永远在自身进行着斗争。这种斗争是必不可少的，生活就在于此。（帕斯卡）

为了像尊重自己一样尊重他人，为了像我们希望他人对待我们一样对待他人——生活的主要任务也就在于此——我们必须要控制自己。而为了能够控制自己，必须要习惯于控制自己。

每当你非常想做一件事时，要冷静地想一想：你非常想做的这件事是不是好事。

为了不做恶事，除了要克制自己不做这样的事之外，还必须学会克制自己不说恶言恶语，而最主要的——是克制自己不产生恶的念头。一旦你醒悟到，你的谈话有恶意——对别人嘲笑、指责、辱骂——那就立刻停止，闭上嘴巴，堵住耳朵。同样，当你脑子里出现不良的念头，即把别人往坏处想时，也应当这样做——不管那人是否该受指责，都一样——应立刻停止，并尽力去想些别的事。只要你学会克制自己的恶言恶语和恶的念头，你就有足够的力量克制自己不做恶事。

如果你无法战胜自己的情欲，那么不管你失败了多少次——都不要灰心丧气。每一次斗争的努力都会削弱情欲的力量，而使你更轻易地战胜它。

车夫之所以不放开缰绳，是因为，要想让马停下来，只拉一下缰绳是不行的，要持续地拉紧，马才会渐渐停住。人对待情欲也是如此：只节制一次是不行的，要持续不断地斗争，则最终胜利的就是你，而不是情欲。

人心中的任何一种情欲——在最初的时候都好像是个乞讨者，接着就成了客人，最后，就成了房子的主人。要尽力拒绝这样的乞讨者，不对它打开自己的心灵之门。

六 节制对个人和整个人类的意义

你要想自由——就要学会克制自己的欲望。

谁最智慧?——是那以人人为师的人。谁最富有?——是对自己所拥有的感到满足的人。谁最强大?——是那善于克制自己的人。(《塔木德》[①])

有人说,基督教是一种弱者的学说,因为它规定的不是行动,而主要是克制行动。基督教——就是弱者的学说!弱者的学说是好的,它的创始者殉难于十字架上,而并没有背叛自己,它的追随者们又有成千上万的人成为殉难者,但只有他们勇敢地面对邪恶,并与之奋起抗争。那些处死基督的犹太人,还有如今主张国家暴力的人,他们都知道,这是怎样一种弱者的学说,他们最怕的就是这种学说。他们凭着敏锐的嗅觉感受到,只有这种学说才无疑会将他们所维护的全部制度从根本上彻底摧毁。为了克制恶欲,比起做我们认为最困难的善事来,需要付出大得多的努力。

我们在世上处境的差异,比起人把握自己的能力来说是不足挂齿的。比如一个人掉到海里,不论他是从什么样的海里掉下去的——黑海也好,地中海也好,大西洋也好——都是一样

---

① 《塔木德》,犹太教教义、伦理与律法集,形成于公元前4世纪至公元5世纪。

的，重要的是这个人是否会游泳。关键不在于外部的条件，而在于人把握自己的能力。

真正的力量不在于战胜别人，而在于战胜自己，不让动物的一面压倒自己的灵魂。

凡沉湎于情欲的，凡寻求令情欲倍增的享乐的，必被情欲的锁链所束缚。
谁能够战胜情欲，谁就能打破这锁链。（佛教哲理）

年轻人啊，要克制自己对欲望的满足（在逸乐方面，在奢侈方面等）！如果不全心全意地戒除这些东西，那么在欲望的支配下，你就会看到无休止的享乐的可能。这种节制因为推迟了享乐，实际上将使你的生活情感变得更为丰富。

能够意识到享乐是由你来掌握的，比起靠着享乐而获得满足的情感来说，这种意识作为一种纯粹的理念，更富有成效，也更为博大，因为在获得满足的同时，也就把享乐本身这种情感消除掉了。（康德）

主要的不是努力去做善事，而是努力去做一个善人；主要的不是努力去照亮别人，而是努力去做一个洁净的人。人的灵魂就好像存在于一个玻璃器皿中，人既可以弄脏这个器皿，也可以使它保持洁净。这个器皿的玻璃有多洁净，真理之光透出的就有多少——它既可照亮人自身，也可照亮他人。因此，人的主要工作在于内心，在于存在于自己洁净器皿中的内容。只要你不去玷污自己，你就将是光明的，并将照亮他人。

只要你不做不该做的事，你必会做一切应该做的事。

为了做我们希望的事，常常只需要放下我们手里正做的事。

只要看一下如今人们过的日子，看一下芝加哥、巴黎、伦敦，看一下所有的城市，所有的工厂、铁路、机器、军队、大炮、军事堡垒、教堂、印刷厂、博物馆、三十层的高楼大厦等等，就会产生这样的问题，即，为了让人们过上好日子，首先应当做什么？答案大约只有一个：首先应当放弃今天人们正在做的这一切多余的事。而在我们整个欧洲，这样多余的事占据了人们活动的百分之九十九。

由我们的生活和我们的意识所产生的谎言，不管它已变得多么浅薄，多么透明，它还是要继续变薄、延展，但却不会崩裂。这种谎言不断地变薄、延展，便把事物间现存的秩序缠绕起来，并阻止新秩序的产生。

基督教世界的大多数人早已不再相信引导异教徒们生活的基本原则，而只相信他们在自己意识中承认的基督教原则，然而生活仍旧按老样子延续着。为了消除今天在肉体和精神上都折磨着人们的所有不幸和矛盾，为了实现在一千九百年前已对人类预言的天国，今天人们需要做的只有一点：精神上的努力。就像为了使低于冰点的冷凝液回复到固有的晶体状态需要一定的动力一样，为了使人类转变到它固有的生活状态，需要的是精神上的努力，正是这种努力可以促使天国的降临。

这种努力不是行动的努力，而是在开启新世界观、新思维和完善独特的新举措方面的努力。这种为了进入天国或新的生活方式而需要做的努力，是一种反向的努力，逆流而上的努力，是一种放弃有违内心意识的行为的努力。

今天，严酷的生活和基督教义的明确和普及，使得人们已经意识到了这种努力的必要性。

一个最细微的物体运动对整个大自然来说都是至关重要的。一块石头也会使大海发生变化。同样，在灵魂生活中，最细微的运动也会产生无穷的后果。一切都至关重要。（帕斯卡）

7 | 慎言

人独处的时候多想自己的过错,大家相处的时候要忘掉别人的过错。

一 语言——事关重大

语言——是思想的表达，它既可使人团结，也可使人分裂；因此必须谨慎地对待。

语言可以使人团结，语言可以使人分裂；语言可以铸成爱，语言也可以铸成仇恨与憎恶。要谨防语言使人分裂或者铸成仇恨与憎恶。

语言——是思想的表达，思想——是上帝力量的显现，因此，语言必须与它所表达的相符合。它可以没有任何倾向，但不可以，也不应该成为恶的表达。

人——是上帝的载体。他可以对自己神圣品性的意识用语言表达出来。那么在说话的时候怎么能不小心谨慎呢？

时间在流逝，但说过的话却会保留下来。

如果在开口之前你还有时间考虑一下的话，那么就要想一想，是否值得，是否有必要开口，你想要说的话是否会伤害到别的人。大多数情况是这样，如果你考虑片刻，你就不会开口了。

先想后说。但要在人们对你说"够了"之前停止。人因其

语言能力而高于动物，但如果不管对什么都喋喋不休，人就低于动物。（萨迪）

在长时间的谈话之后，要尽力回想一下你所讲的一切，你会感到惊讶，所有谈话都是那么的空洞，无聊，并且往往有害无益。

要仔细听，但要少开口。

如果没人问你，无论何时也不要开口，但如果有人问你，就要立刻回答，力求简短，如果你必须承认你不知道别人问你的问题，不必感到羞耻。（苏非派哲理）

如果你想做个聪明人，要学会理智地发问，仔细地倾听，平静地回答，在无话可说的时候闭上嘴巴。（拉瓦特尔[①]）

不自夸，不指责别人，不争论。

听有学问的人谈话要集中精力，尽管他做的事并不符合于他的学说。人必须要听取教诲，尽管这教诲就写在墙上。（萨迪）

有一句短短三个字的话非常好：不知道。

要让自己的舌头学会常常说这句话。（东方哲理）

[①] 拉瓦特尔（1741—1801），瑞士作家，新教牧师，观相术创立者，著有《展望永恒》等著作。

有一句古老的格言:"de mortuis aut bene, aut nihil."意思是:对死者只说好话,要么只字不提。这句话是何等的不合理!应该反过来说:"对活着的人只说好话,要么只字不提。"这句话可以使人避免多少痛苦,而且做起来又是多么容易啊!为什么不能对死者说坏话呢?在当今世界,形成了一种风习,在悼词里和纪念日期间对死者只是大谈溢美之词——可以想见,不过是谎话而已。这种虚伪的夸饰是有害的,因为它在人的观念中抹杀了善与恶的区别。

把人嘴里的舌头比作什么呢?这是一把打开宝藏的钥匙;当大门关闭时,谁也不知道里面是些什么:是贵重的宝石还是没用的破烂。(萨迪)

尽管按照哲人们的教导,沉默是有益的,但灵活的话语也是需要的,不过要恰到好处。我们在说话上的罪孽是,本该说话的时候沉默,而本该沉默的时候却说话。(萨迪)

二 有怒气时,要保持沉默

如果你知道人们应该怎样生活,并希望他们过上善的生活,你就会把这些想法表达出来。而在表达的时候你会尽力让人们相信你的话。为了让他们相信并理解你,你应当尽量避免激愤和怒气,而是以平静的善意来转述你的思想。

当你在与别人谈话的时候想表述某种真理,应当注意的主要是——说话时不要激愤,不带一丝恶意,不说一句欺侮的话。(据爱比克泰德)

沉默是金。

不可对所要说的话不假思索脱口而出,除非那时你感受到自己内心充满了平静、善良和仁爱的情感。但如果你正在愤愤不平,就要谨防出口作孽。

如果你不能立刻平息怒气,那就先制服你的舌头。闭上嘴巴——你的怒气便会很快消散。(巴克斯特[①])

在争论中要使你的话尽量温和,但要言出有据。尽量不触痛对手,而是以理服人。(威尔金斯[②])

当我们在争论中感到怒气上升的时候,我们已是在为自己,而不是在为真理而争论。(卡莱尔)

三 不争论

已经引发起来的争吵就像冲破堤坝的洪水一样:一旦它冲

---

① 理查德·巴克斯特(1615—1691),英国清教派神学家。
② 乔治·威尔金斯(1785—1865),英国宗教作家,新教牧师。

决而出,你对它就再也无法遏止。而任何争吵都是由话语引起的,也是由话语平息的。(《塔木德》)

争论不能说服任何人,却能使人离心离德,彼此仇恨。争论之于人们的想法,正如锤头之于钉子。在人的想法还犹豫不决的时候,经过几番争论之后,这种想法就牢牢地嵌进头脑之中去了,就像一颗钉子深深地打进了木板。(据尤维纳利斯[①])

在争论之中往往忘记了真理。停止争论的是更有头脑的一方。

仔细去听人们的争论,但不要参与争论。但愿你不要焦急暴躁,即使是最不起眼的一言一行也是如此。发怒在任何场合都不适宜,特别是在正当的事情上,发怒只会使事情变得混乱不清。(果戈理[②])

对失去理智者最好的回答——就是沉默。回答他的每一个词都会反过来落到你头上。以怨报怨——就等于火上浇油。

四 不指责

你们不要论断人,免得你们被论断。因为你们怎样论断人,也必怎样被论断;你们用什么标准衡量人,人也必用什

[①] 尤维纳利斯(55/60—127),古罗马讽刺诗人。
[②] 果戈理(1809—1852),俄国自然派作家。

标准衡量你们。为什么看见你弟兄眼中有刺,却觉不到自己眼中有梁木呢?或者,你怎能对你弟兄说"让我去掉你眼中的刺"呢?伪善者啊,先去掉你自己眼中的梁木,你才能看得清,怎样去掉你弟兄眼中的刺。(《马太福音》7:1—6)

只要在自己身上找一下,几乎总是能找到我们指责别人的那种罪孽。而如果我们意识不到自己的这种罪孽,那就值得好好找一找,我们还会找到更大的罪孽。

当你要指责别人的时候,要记住,即使你确切地知道那人的过错,也不可谈论他的是非,更何况假如你不知道情况,那就是人云亦云了。

对别人横加指责永远是不对的,因为不管在什么时候,任何人也无法知道,你所指责的那个人在灵魂中曾发生过什么,和正在发生什么。

应当与朋友约定,当你们其中一方要开口指责别人的时候,另一方就及时制止。如果你没有这样的朋友,那么就自己对自己做一个同样的约定。

当面指责别人是不好的,因为这会令人难堪,而在背后指责人是不诚实的,因为这就是欺骗那人。最好的方法是,不在别人身上寻找坏的东西,忘掉别人的坏处,而在自身寻找不良的东西,并牢牢记住。

含沙射影的指责——就像是浇了汁的腐肉。在汤汁的掩盖下,你就注意不到你是怎样吃下了各种各样的爬虫。

对别人的坏事知道得越少,人对自己就越加严格。

有人说别人的坏话而说你们的好话时,千万不要去理睬他。

背后骂我的人怕我,当面夸我的人瞧不起我。(中国民谚)

人们是如此爱讲谤毁之词,他们很难克制自己,为了讨好谈话的对象而去指责不在场的人。如果你一定要款待别人的话,那么就款待点别的,而不要拿这种于己于人都有害的东西来让对方享受。

隐去别人的一桩过错,上帝会加倍宽恕你。

五 说话不克制的危害

我们知道,拿着装了弹药的武器要小心谨慎,但我们却不愿意知道,对说话也应当同样小心谨慎地对待。说话不仅能杀死人,而且还会造成比死亡更严重的罪恶。

我们对身体的犯罪感到愤恨,如贪婪、打斗、淫乱、凶杀——但对语言的犯罪却看得很轻,如指责、侮辱他人,传播、印刷、撰写诲淫诲盗的有害言论，实际上语言犯罪比起身体犯罪的后果来，其危害要严重得多。两者之间的差别仅在于，身体犯罪的恶立刻就能看得出来，而对语言犯罪的恶我们却注意不到，因为这种恶显露出来时，就地点和时间来说都离我们远一些。

曾经有一次，上千人聚集在一个大剧场里。在演出中间有一个蠢人心血来潮开了个玩笑，他大喊一声："着火了！"人们纷纷朝门口拥去。大家挤成一团，互相推撞，当事件平息下来后，已经有二十人被踩死，五十多人受伤。

这桩大恶只是由一句蠢话所造成的。

在这个剧场里，这种由一句蠢话造成的恶是显而易见的，然而更常见的情况是，蠢话的恶不像剧场里发生的这样当时就看得出来，而是悄无声息地一点一点发展成大恶。

没有什么比空洞无聊的谈话更能怂恿人们游手好闲的习性了。假如人们保持沉默，不去讲那些他们借以排遣无聊苦闷的话，他们就无法忍受那种赋闲的境况，也就会去工作了。

说别人的坏话会同时使三方受害：一是这坏话所说的对象，二是听到这坏话的人，但最主要的，是那说别人坏话的人。（大巴西勒[①]）

在背后指责别人尤其有害，因为这种对别人缺点的指责如果当面说出来，也许是对人有益的，但在背后说出来，就使那

[①] 大巴西勒（约329—379），古代基督教希腊教父，教父学代表人物。

可能需要它的人无法听到，而只能激起谈话对方对被指责者的恶感，使听到这话的人也受害。

很少有因不说话而后悔的，但却多有因说了话而后悔的，而更多的是因你知道了你所说的话的后果而后悔。

越想多说话，说坏话的危险就越大。

最有力量的人，是那虽正义在握却能保持沉默的人。（加图[①]）

六 沉默的好处

多让舌头闲着，少让手闲着。

沉默往往胜于回答。

开口说话之前，七次转动舌头。

要不就沉默不语，要讲话就讲比沉默更有用的话。

凡多说话的，必少做事。有智慧的人永远怕口头的允诺超过他实际能做的事，因此常沉默不语，即使说话，也只在别人

---

① 加图（前234—前149），古罗马政治家，作家。

需要而他自己不需要的时候才开口。

我一辈子都在哲人中度过，没有找到比沉默更对人有益的东西。(《塔木德》)

如果一百次中仅有一次因为应当说话而没说感到遗憾，那么一百次中有九十九次你会因为本该沉默而说了话感到遗憾。

一个好的愿望仅仅因为被说了出来，就已减弱了人们去实现它的欲望。但年轻人怎么克制得住不把那些高尚而自得的激情表达出来呢？只有事情过后，回想那一切，才会感到惋惜，正如惋惜一朵花，坚持不住，不待完全开放就从枝上挣脱下来，落到地下才发现已经枯萎，遭人践踏。

语言是打开心灵的钥匙。如果谈话没有任何意图，那么说一个字也是多余的。

人独处的时候多想自己的过错，大家相处的时候要忘掉别人的过错。[①]（中国格言）

如果你很想说话，就先问自己：你为什么要说话——是为了自己，为了自己的利益，还是为了别人的利益和方便。如果是为了自己，那就努力保持沉默。

---

① 清朝金缨《格言联璧》："静坐常思己过，闲谈莫论人非。"

蠢人最好的办法是保持沉默。但假如他知道这一点,他也就不成其为蠢人了。(萨迪)

人们要学习怎样说话,而最主要的学问是——知道怎样以及何时保持沉默。

你要说话时,你的话必须要比沉默更有益。(阿拉伯俗语)

饶舌的人不免造孽。
如果说话值钱,那么沉默加倍值钱。
既然聪明人应当保持沉默,更何况蠢人呢。(《塔木德》)

七 保持说话克制的好处

说话越少,做事越多。

戒除了指责他人的习惯,你就会感到自己灵魂中爱的力量更加强大,你就会感受到更强大的生命力和更多的幸福。

有一次穆罕默德和阿里[①]遇到了一个人,对方认为阿里是欺负过他的某个人,就大骂起来。阿里一言不发,忍耐了好长一

[①] 阿里(约600—661),伊斯兰教创始人穆罕默德的女婿及忠诚的追随者。

段时间，但终于克制不住，与之对骂起来。这时穆罕默德离开他们转身走了。等阿里再追上穆罕默德后，对他说："你为什么扔下我一个人，受这个粗人辱骂？""当这个人对你破口大骂，而你一言不发的时候，"穆罕默德说，"我看到你身边有十个天使，这些天使都在回击他。但当你开口反过来大骂他的时候，天使们就抛下了你——我也就走了。"（伊斯兰教传说）

隐去别人的缺点不谈，只谈他们身上的善处，是爱心的标志和吸引别人爱你的最佳方法。（引自《虔诚的思想》[①]）

人生的幸福就是彼此相爱。而恶意的话会破坏这种爱。

[①]《虔诚的思想》，教父言论集，全名为《虔诚的思想及引导基督徒走上完善之路的训诫》，1879 年出版于莫斯科。

8 生活取决于思想

我们可以有三条路通向智慧：第一，是经验之路……第二，是模仿之路……第三，是思想之路。

一 思想的使命

人既然在认识到他的行为不好时,可以克制这种行为,同样,在他认识到自己的思想不好时,也可以克制这种将他引入歧途的思想。人的主要力量就体现在思想的克制上,因为所有的行为都产生于思想。

靠肉体的努力无法逃避罪孽、邪念和迷信。要做到这一点只有靠思想的努力。只有靠思想使自己学会自我牺牲,学会谦逊和诚实。人只有在思想上追求忘我、谦逊和诚实,在与罪孽、邪念和迷信的斗争中,他才会充满力量。

尽管并不是思想在启迪我们应当爱他人——思想无法做到这一点,但思想的重要性在于,它给我们指出是什么在阻挠着爱。正是思想的努力遏制着阻挠爱的力量,这种思想的努力比任何东西都更重要、更必要、更珍贵。

假如人失去了思想的能力,他就无法理解他为什么生活。而假如他不理解为什么生活,他也就无法知道,什么是好什么是坏。因此,对于人来说,没有什么比能够好好地思想更可贵的了。

人们在谈论宗教道德学说和人的良知时,好像是在谈论人的两个互不相干的领导者。而在实际上，人只有一个领导者——良知，即对存在于我们身上的上帝的声音的感知。毫无疑问，这种声音决定着每一个人，什么应当做，什么不应当做。而任何一个人随时都可以用思想的努力来唤起这种声音。

假如人不知道眼睛能看见东西，并且从来也不睁开眼睛，他的处境就非常可怜了。同样，如果人不明白，为了平静地忍受各种苦难，人被赋予了思想的力量，那么他的处境就更加可怜。如果人是富有理性的，他就能轻易忍受任何苦难：这首先是因为理性告诉他，任何苦难都将过去，而且苦难常常会转变成好事，其次，任何苦难对富有理性的人来说都是有益的。然而，人们不是坚定地面对苦难，却总是极力逃避苦难。

上帝赋予了我们力量，为的是让我们不因遇到违背我们意愿的事而悲伤，我们不该为此而感到高兴吗？上帝使我们的灵魂只服从于受我们所控制的——我们的理性，我们不该为此而感激上帝吗？要知道，他既不让我们的灵魂服从于我们的父母、兄弟，也不让它服从于财富和我们的肉体，甚至死亡。他以其慈悲之心，只让我们的灵魂服从于依赖于我们的——我们的思想。

为了我们的幸福，我们必须全力维护的正是这种思想和它的纯洁性。（据爱比克泰德）

当我们认识了一种新的思想，并承认它是正确的，就会觉得，仿佛我们早就认识它，只不过刚刚回忆起来而已。任何一种真理早已贮存于每个人的灵魂之中。只要你不用谎言来压抑它，早晚它都会对你昭示出来。

常常有这样的情况,一种思想产生了,你既觉得它是正确的,同时又有点奇怪,你便不敢去相信它。但你只要经过仔细思考,就会发现,这种令你感到奇怪的思想——乃是一种最为普通的真理,一旦你了解了它,你就无法不去信奉它。

任何一种伟大的真理要进入人类的意识之中去,不可避免地要经过三个阶段。第一个阶段:"这是如此荒谬,简直不值一驳。"第二个阶段:"这是不道德的,有违宗教。"第三个阶段:"啊!这个人人都知道,用不着再说了。"

与他人共同生活,不要忘了你在独处时所悟出的道理。而在你独处时,要仔细思索你在与他人交往中所得出的道理。

我们可以有三条路通向智慧:第一,是经验之路——这是最艰苦的一条路;第二,是模仿之路——这是最容易的一条路;第三,是思想之路——这是最高尚的一条路。[①](孔子)

二 人的生活取决于他的思想

人的命运不管是这样的,还是那样的,都取决于他在思想中怎样理解自己的生活。

---

① 原文相近者见《论语·季氏》:"生而知之者,上也。学而知之者,次也。困而学之,又其次也。"

一个人的生活，或者整个人类的生活也是一样，所有重大的转变都开始于思想，也完结于思想。为了使感情和行为发生转变，首先必须使思想发生转变。

为了使坏的生活变成好的生活，首先应当尽力弄明白，生活是因为什么变坏的，为了使它变好应当做些什么。所以说，为了使生活得到改善，应当是先思考，后行动。

如果智慧能像水一样从一个罐子倒到另一个罐子，能从智慧多的人那儿匀到智慧少的人那儿，直到大家都平均了，这该有多好啊。然而一个人要接受别人的智慧，他首先需要的是独立思考。

人要想获得所有真正需要的东西，都不是一蹴而就的，而是要经过长期坚持不懈的劳动。获得技艺和知识是如此，获得世上最重要的东西——过善的生活的能力——也是如此。

而为了学会过善的生活，首先必须要学会运用善的思想。

我们的生活由一种状态转入另一种状态，起决定作用的不是按我们的意志所做的显而易见的事：结婚、迁居，或者各种活动，而是那些在茶余饭后、在散步、在夜晚所产生的思想，尤其是那些涵盖了我们全部历史的思想，它们对我们说："你是这样做的，但最好是照另一种样子做。"于是此后我们的行动，就像奴隶之于主人一样，完全服务于这种思想，去执行它的意

志。(梭罗[①])

我们所习惯的思想往往把我们所接触到的一切都加上它本身所固有的色彩。如果这些思想是虚伪的——它们就会把最崇高的真理也变成谎言。我们所习惯的思想送给我们每人一个比我们住的房子更坚固的外壳。我们走到哪儿都随身带着它，正像蜗牛随时随地都带着它的壳一样。(露西·马洛丽)

只要我们不改变思维的习惯，我们就无法产生美好的愿望。思维的习惯决定着我们的愿望。而思维的习惯是靠着采纳世上善良的人们的智慧结晶而形成的。(塞内加)

那泰然自若的，能够保持平静。那未出现的，容易预测。那脆弱的容易折断。那细小的容易散乱。

粗大的树木从细小的枝条长大。九层的塔楼从零星的砖块垒起。远行千里从第一步开始。要注意自己的思想——它是行为的基础。[②](老子)

我们的思想，不管它是好的还是坏的，不管它把我们送入天堂还是地狱，它都既不是在天上，也不是在地下，而是在现世的生活中。(露西·马洛丽)

[①] 梭罗(1817—1862)，美国作家、思想家，19世纪超验主义运动代表人物。
[②] 见《道德经》第六十四章："其安易持，其未兆易谋，其脆易泮，其微易散。""合抱之木，生于毫末；九成之台，起于累土；千里之行，始于足下。"

只有其理性歪曲到不相信自己的理性的人，才会说理性并不是生活的引导者。

作为个体的人，其生活与命运都取决于他的思想，而对思想我们很少像对行动那样给予更多的注意。同样，社会的、群体的、民族的生活也是如此，它不取决于在这个社会和民族中所发生的事件，而是取决于将这个社会和民族中大多数人团结起来的那些思想。

不要以为只有那些特殊的人物才能成为智者。人人都需要智慧，因此，人人都可以成为智者。智慧——就是懂得生活的任务是什么和怎样去完成这个任务。而为了懂得这些，只需要做到一点，就是记住，思想是一件伟大的事业，因此才需要思考。

我产生了一个想法，后来又把它忘了。嗨，这没什么，不过是个想法而已。假如这是金钱，我会把一切都翻个底朝天，直到要找到它。但这又算什么呢？只是个想法而已。然而，要知道，一粒种子可以长成参天大树。要知道，一个想法可以导致一个人或千百万人这样或那样的行动，而我们却认为，一个想法——这没什么。

三 人们不幸的根源不在于事件，而在于他们的思想

当你遇到不幸的时候，要明白，这种不幸的发生不是起因于你的行动，而是起因于你的思想。

如果我们无法克制自己而做了一件本知道不好的事，那么这完全是因为，我们允许这件事先在脑子里发生，而没有在思想上去加以制止。

尽力不去想那些你认为不好的事。（爱比克泰德）

比坏的行为危害更大的，是酿成坏行为的思想。人可以不重复坏的行为，并为有过坏行为而后悔；但坏的思想却不断地产生坏的行为。一个坏的行为只能踏出一条通往其他坏行为的路，但坏的思想却能把坏的行为拖满整条路。

果实是由种子长成的。同样，行动是由思想所诞生的。

正如坏的种子会结出坏的果实一样，坏的思想也会导致坏的行动。农夫要把莠草籽筛除，选出正宗的好种子，再从正宗的种子里选出优良品种，仔细地逐一挑拣，同样，有理性的人对待自己的思想也是如此：他若想把那些空洞的、恶劣的思想赶走，只保留下优秀的思想，也要仔细地逐一挑拣。

如果不赶走坏的思想，不珍惜善的思想，你就不可避免地

要做出坏的举动。善的行为只会出于善的思想。要珍惜善的思想，在哲人们的书籍中，在智慧的言论中，最主要的是，在自己的身上，去寻找这善的思想。

要想让蜡烛散射出平稳的光来，必须要把它放到避风的地方。如果把它放在有风的地方，火苗就会抖动，由此便会投射出古怪而阴暗的影子。而那些未经检验的、琐碎的、五花八门的思想，也会把同样古怪而阴暗的影子投射到人的灵魂上。（婆罗门教哲理，引自《沉默的声音》[①]）

四 人能够制约自己的思想

我们的生活是好还是坏，都取决于我们的思想如何。而思想是可以调整的。因此，要想生活得好，人就需要改造自己的思想，避免沉迷于坏的思想而不能自拔。

要为纯洁自己的思想而工作。如果你没有坏思想，也就不会去做坏事。[②]（孔子）

要谨慎对待自己的思想，谨慎对待自己的语言，谨防自己的行为受到坏的影响。保持这三条途径的纯洁，你就会走上哲

[①]《沉默的声音》，全名为"沉默的声音。七重门。两条路。摘自印度秘籍。由叶莲娜·彼得罗夫娜·勃拉瓦茨卡雅颁行"。一本译自英文的书，1908年出版于卡卢加。
[②] 原文意相近者或可为《孔子·为政》："思无邪。""攻乎异端，斯害也已。"

人所指明的道路。（佛教哲理）

一切都在上天的掌握之下，除了我们为上帝和自己服务的愿望。我们不能阻止鸟儿从我们头上飞过，但我们有权力不让其在我们头上作巢。同样，我们不能禁止坏的思想在我们的头脑中闪现，但我们有权力不让它们在这里搭成窝，孵化出坏的行为。（路德）

当坏的思想进入头脑，你却不能赶走它，这时你是能够意识到它是坏思想的。而只要你知道了它是坏的，你就不会沉湎于它。比如脑子里出现了有关某个人不好的念头。我没办法不去想这件事，但是如果我明白，这是个坏念头，我就能醒悟，对别人加以指责是不好的，我本身就是坏的，而想到了这些，我就能克制自己，即使是在思想里也不去指责别人。

如果你想叫你的思想对你有利，那就尽力去想那些与你的情感和处境完全无关的事，即，不去扭曲你的思想来为你所体验到的感情、为你做过的或正在做的事寻找辩词。

五 为了拥有控制自己思想的力量，必须要以灵魂为生

我们常以为，世上最主要的力量——就是物质的力量。我们之所以这样认为，是因为不管你自觉还是不自觉，你总是会感受到这种力量。而精神的力量，思想的力量，我们却觉得无

关紧要,甚至我们不把它们当成力量来看。实际上,能够改变我们及所有人生活的真正的力量,就是这种力量。

是灵魂引导肉体,而不是肉体引导灵魂。因此,人要想改变自己的境况,必须在灵魂领域——即在思想领域中——对自己加以改造。

我们的生活是好还是坏,仅仅取决于我们是把自己看作肉体的生命还是灵魂的生命。如果我们认为自己是肉体的生命,我们就会败坏真正的生活,就会激发起更多的情欲、贪婪、争斗、仇恨和对死亡的恐惧。而如果我们认识到自己是灵魂的生命,我们就会激发和提高生命活力,摆脱情欲、争斗和仇恨,而释放出爱心。而从肉体生命到灵魂生命的觉悟这一转变,靠的是思想的努力。

塞内加曾对自己的朋友写道:"你做得好,亲爱的卢奇利乌斯,你尽全力使自己保持着美好而善良的精神。任何一个人随时都可以这样调整自己。为此不需要高举双手恳求神殿的守门人放我们进去走近神,为的是让他听清楚我们的喊声:'神永远在我们身边,他就在我们心中。'在我们自身就存在着神圣的灵魂,它是所有好事和坏事的见证人和守护者。我们怎样对待它,它就怎样对待我们。如果我们珍惜它,它也会珍惜我们。"

当我们反复思索而辨不清好坏时,应当远离尘世;因为对世人议论的担心会妨碍我们看清善恶。远离尘世,就是走进自己内心，消除一切疑虑。

只有在你尚未堕入邪念的时候，你才会轻松自如地与邪念做斗争。

在尘世的浮华之中，在邪念的激情之下，便无暇去寻找与我们的欲望相抗争的方法。趁着邪念尚未出现，在你孤身一人的时候，要确立自己的生活目的。（边沁[①]）

六 能够与世上的生者和死者在思想上相结合是人的最美好的幸福之一

年轻人常常说："我不想靠别人的头脑生活，我要独立思考。"这种说法是完全合理的，自己的思想重于所有其他人的思想。但对已被大家深思熟虑的问题，你何必还要思考呢？接受已准备好的，继续走下去。人类的力量就在于能利用他人的思想而继续前进。

使人摆脱罪孽、邪念和迷信的努力，首先要在思想中进行。

在这个斗争中给人以最大帮助的，是他能够接续前辈哲人和圣者的智慧活动。这种与历代圣者和哲人们的思想联系就是一种祈祷，即对阐明有关内在灵魂、他人、世界及其本源的态度的言论，进行反复的陈述。

自古以来，人们就已承认，祈祷对人来说是必不可少的。

[①] 边沁（1748—1832），英国哲学家，社会学家。

对于前人来说——如今对于大多数人来说仍是这样——祈祷就是在共同的条件、共同的地点、共同的行动和语言中，对某个或某些神灵进行求告，以获得恩赐。

基督教的教义却不认为这是祈祷。它教导人们，祈祷是必要的，但不是作为一种逃避尘世苦难、获得世俗幸福的手段，而是作为一种巩固人们善的思想的手段。

真正的祈祷之所以对于灵魂是十分重要和必要的，因为在祈祷中，当你一个人与上帝相处的时候，你的思想就可以达到它所能达到的最高境界。

基督说过：你们祈祷的时候，要独自来做。（《马太福音》6：5—6）只有这样上帝才会听到你的声音。上帝在你心中，为了让他听到你的声音，你只须把所有遮蔽住他的东西从自己心中驱赶出去即可。

沮丧是这样一种心绪：人在沮丧的时候，既看不到自己生活的意义，也看不到整个世界生活的意义。要避免沮丧只有一种办法：唤醒自己的美好思想，或者你所领悟的、曾向你阐释过人生意义的他人的思想。而要唤醒这些思想，需要反复讲述那些你已了如指掌的最高真理——即进行祈祷。

每时每刻都要祈祷。最必要也是最困难的祈祷——是在生命历程中时时刻刻记住自己面对上帝及上帝法则时的各种责任。遇到恐惧、愤怒、窘迫、沉醉的时候——要努力，要记住：你是谁，你应当怎样做。这就是祈祷。开始这样做的时候很难，但通过磨炼可以养成这样的习惯。

应当变换自己的祈祷，即变换你对上帝的态度。人是在不断成长，不断变化的，所以也应当不断改变和阐明对上帝的态度。即祈祷应当常常变化。

七 没有思想的努力，善的生活就无法实现

当你意识到自己和他人的善的思想，就要珍惜它们。为了完成你生命中真正的事业，没有什么能像善的思想那样可以给你更大的帮助。

如果你想达到自己的目的，就要掌握自己的思想。请把你灵魂的目光投向这脱离了情欲的、唯一纯洁的世界。（婆罗门教哲理，引自《沉默的声音》）

沉思——是通向不朽之路，轻浮——是通向死亡之路。在沉思中保持清醒者永不会死去；轻浮而没有信仰者——已是行尸走肉。
时时唤醒自己——你便会自我保护，自我关注，你就将永恒不变。（佛教哲理）

人的真正力量并不在于激情暴发，而在于对善的始终不渝

的、泰然自若的追求，这种善在他的思想中得到确立，在语言中得到表达，在行动中得到实现。

当你回首往事的时候，如果发现你的生活变得更好更善了，更多地摆脱了罪孽、邪念和迷信，那么要知道，这些成就只能归功于你自己思想的努力。

思想活动是珍贵的，这不仅仅因为它矫正着你的生活，还因为它也帮助别人改善着生活。因此，思想的努力就显得格外重要。

中国的哲人孔子在谈到思想的意义时是这样说的：

"真正的学说教给人们最高的善——使人洗心革面，并达到至善的境界。为了获得至高无上的幸福，需要使全体人民得到妥善安置。为了妥善安置全体人民，需要使家庭得到妥善安置。为了妥善安置家庭，需要使自己得到妥善安置。为了妥善安置自己，需要端正自己的心。为了端正自己的心，需要鲜明而真诚的思想。"[①]

八 唯有思维的能力将人与动物区分开来

人与动物的区别就在于人具有思维的能力。一部分人提高了自己的这种能力，另一部分人却对此漠不关心。这种人就等

---

① 原文见《礼记·大学》："大学之道，在明明德，在亲民，在止于至善。""古之欲明明德于天下者，先治其国。欲治其国者，先齐其家。欲齐其家者，先修其身。欲修其身者，先正其心。欲正其心者，先诚其意。"

于是想放弃他们与牲畜相区别的东西。(东方哲理)

牛,马,任何一种牲畜,无论它饿得多么厉害,如果向内开的门只是虚掩着,它们也跑不出院子去。如果门总是关着,没有人来打开的话,它们就会饿死,但却想不到闪开点把门往里拉开。只有人才懂得,要想获得你所期望的东西,应当忍耐,克服困难,而不是逞一时之快。人可以克制自己,可以不吃、不喝、不睡,仅仅是因为他们懂得,怎样做是好的而必要的,怎样做是坏的和不必要的。教会人这一点的,就是其思维的能力。

人与包围他的大千世界比起来——不过是一棵脆弱的芦苇;这不错,但是,这是一棵被赋予了思想能力的芦苇。

要杀死一个人,简直不费吹灰之力。然而人毕竟高于任何草木,高于地球上的一切,因为,他在死去的时候,能够意识到他在死去。

人能够在大自然面前意识到自己肉体的渺小。而大自然却什么也意识不到。

我们的所有优越之处就在于我们思维的能力。我们的思想使我们高于世上的一切。让我们珍惜并保持我们思想的力量,它将照亮我们的全部生活,给我们指出什么是善,什么是恶。(帕斯卡)

人可以学会读和写,但识字并不能教会他该不该给朋友写信,或者该不该对欺负他的人写诉状。人可以学会音乐,但音乐并不能教会他什么时候可以唱歌或弹琴和什么时候不该做这些事。问题的关键就在这里。只有智慧会指示给我们，什么时候该做什么和什么时候不该做什么。

上帝把智慧赋予了我们，并使我们能够支配我们所必需的一切。他赐给我们智慧的时候，仿佛对我们说：为了让你们能够逃避恶和享受生活的幸福，我在你们身上植入了我自身的神圣成分。我给了你们智慧。如果你们能把它应用于你们所遇到的一切事件，那么在这个世界上，在通往我给你们指出的道路上，任何东西也不能成为你们的束缚和障碍，你们将永远不会抱怨自己的命运，不会抱怨别人，既不会去指责别人，也不会去对他们阿谀奉承。同样，你们也将不会因我没有给你们更多的东西而责备我。你们能够理智地、宁静而快乐地度过你们的一生，难道对你们来说这还不够吗？（据爱比克泰德）

一句富有哲理的谚语说："上帝进家，并不敲门。"这就是说，在我们与无限之间不存在挡板，在人——果和上帝——因之间不存在墙壁。墙壁虽已形成——我们却能被神圣本质的全部力量所开启。只有思想的劳动能保持我们借以与上帝交流的渠道畅通无阻。（据爱默生）

人被创造是为了思考，人的全部优点和全部功绩都在于此。人的职责只在于正确地思考。而思考的顺序应从自我、自我的造主和自我的目的开始。但实际上世俗的人们都在想些什么呢？对上述的问题丝毫也没想，他们想的只是怎样享乐，怎样发财，怎样出名，怎样成为国王，却不去想做一个国王的意义是什么，而做一个人的意义又是什么。（帕斯卡）

9 舍弃自我

如果人想的只是自己,并且处处都想得到好处的话,他就不可能获得幸福。

一 生活的法则就在于舍弃肉体

人生的幸福就是通过爱与上帝和他人相结合。阻挠这种幸福的是罪孽。罪孽的根源在于，人把自己的幸福视为满足肉体的私欲，而不是爱上帝和爱他人。因此，人的幸福也就是摆脱罪孽。而摆脱罪孽——靠的是为舍弃肉体生活而努力。

所有肉体的罪孽：淫荡，奢侈，不劳而食，贪图私利，阴险狡诈，这一切——都出自一种观念，即把自己的我看成自己的肉体，进而使自己的灵魂屈服于肉体。要摆脱罪孽——只有把自己的我看成自己的灵魂，使自己的肉体屈服于灵魂。

于是，耶稣对门徒们说："若有人要跟随我，就当舍己，背起他的十字架，来跟随我。因为凡要救自己生命的，必失去生命；而凡为我失去生命的，必得到生命。人若赢得整个世界，却葬送了自己的生命，这有什么益处呢？人还能拿什么来赎回这生命呢？"（《马太福音》16：24—26）

人可以舍弃自己的肉体生活，这清楚地表明，在人的身上存在着一个他为之而舍弃肉体生活的对象。

没有牺牲就没有生活。人的一生——不论你是否愿意这样——就是为了灵魂而牺牲肉体。

沉溺于属于肉体的东西越多，失去的属于灵魂的东西越多。

献出的属于肉体的东西越多，得到的属于灵魂的东西越多。看一下，这两者哪个是你更需要的。

舍弃自我不是完全弃绝自己，而不过是使自己的我由肉体生命转为灵魂的生命。舍弃自我并不意味着舍弃生活。正相反，舍弃肉欲的生活意味着加强自己真正的灵魂的生活。

理智对人指出，肉体需求的满足不可能成为他的幸福，因此，理智坚定不移地将人引向其固有的，而其肉体生活所无法容纳的幸福。

人们常常想，并且声称，舍弃肉体的生活是一种功绩；这是不对的。舍弃肉体的生活不是什么功绩，而是人生活的必要条件。对于动物来说，肉体生活的享乐和由此而实现的物种延续是生命的最高目的。而对于人来说，肉体的生活和物种的延续只是生存的一个阶段，从这个阶段起人的真正幸福才开始显现，而这种幸福并不等同于肉体生活的幸福。对于人来说，肉体生活不是全部的生活，它只是真正生活的一个必要条件，而真正的生活，就是越来越紧密地与世界的灵魂本源结合在一起。

二 死亡的必然性一定使人走向对不朽的灵魂生活的觉悟

婴儿刚出生的时候，觉得世界上存在的只有他一个。他无论对谁对什么东西都不会退让，不想知道任何人，你只要给他所需的东西就行了。他甚至连母亲也不知道——知道的只是她的乳房。但随着一天天、一月月、一年年地长大，孩子开始懂得，世上还有着像他一样的许多人，懂得了，他想要的东西别人也同样想要。年龄越大，他就越来越多地懂得，他并不是世上唯一的宠儿，一种情况是，如果他有力量，就必须为获得他想拥有的东西而与别人争斗，另一种情况是，如果他没有力量，便屈从于既有的东西。除此之外，人生活得越久，他就知道得越来越清楚，他的一生只是暂时的，每一刻都可能因死亡而告终。他会看到，正像他今天亲眼目睹的，明天死亡仍将剥夺某个人的生命，于是他明白，这种事每一分钟都可能在他身上发生，并且或早或晚这一刻终将到来。人由此而不能不明白，在他的肉体中没有真正的生命，在一生之中无论他为肉体做了多少事，这一切都毫无用处。

当一个人清楚地懂得了这一点，他也就懂得了，那存在于他身上的灵魂，并不仅仅存在于他一个人，而是存在于所有人，存在于整个世界，这个灵魂就是上帝的灵魂。而当人明白了这些，他就不再认为自己的肉体生活有什么意义，而把自己的目的转向与上帝的灵魂，与那永恒的存在相结合。

死亡，死亡，死亡每一秒钟都在等待着我们。我们的生命是以死亡的形式来完成的。如果你们为了未来的肉体生活而操劳，那么你们自己会知道，未来对于你们来说只意味着一点：死亡。这个死亡将毁掉你们为之而操劳的一切。你们会说，你们是为了后代的幸福而操劳，但要知道，他们同样也将消亡，他们也不会留下任何东西。所以，为物质目的的生活不会有任何意义。死亡会将这种生活全部毁坏。为了使生活具有某种意义,就必须这样生活,即,让死亡无法破坏生活的事业。而基督已对人们昭示过这样的生活。他告诉人们,肉体的生活只是一个生活的幻影,与它同在的是另一种形式的真正的生活,它给予人以真正的幸福,每个人在自己的心灵之中都懂得这种生活。基督的教诲告诉了我们,个人的生活是虚幻的,必须要舍弃这种生活,而应把生活的意义和目的转向上帝的生活,转向整个人类的生活,转向人子①的生活。

为了明白基督有关拯救生命的教义,应当清楚地理解所有先知们是怎样说的,所罗门是怎样说的,佛是怎样说的,世上所有的哲人在谈到个人生活时是怎样说的。按照帕斯卡的说法,我们可以不去想这些,也可以在自己面前竖起种种屏障,以遮住我们的视线,不去看那个我们大家都奔赴而去的死亡深渊;但应当想一想什么是个人的肉体生活,以便确信,人的一生,如果仅仅是肉体生活的话,那么它不仅没有任何意义,而且对人的心灵,对人的理性,对人身上美好的一切,都是一种罪恶的嘲弄。因此,为了理解基督的教义,首先我们应该保持清醒的头脑,反省自己,应当按基督的先驱,即施洗约翰,在传道时对像我们一样误入歧途的人们所说的那样去做。他说:"你们首先要悔罪,就是要反省自己,否则你们都将毁灭。"基督在开始传道的时候也是这样说的:"你们要反省自己,否则你们都将毁灭。"基督听说了被彼拉多所杀的加利利人的死讯后,他说:

---

① 人子指耶稣基督,因有肉身性而为人之子。

"你们是不是以为，有些加利利人比其他加利利人罪孽多，才这样受难呢？我对你们说，不；并且如果你们不悔罪，所有人都将这样死去。死对我们大家来说都不可避免。我们想忘掉这个是徒劳的，这并不能使我们逃避它——相反，当它不期而来的时候，它将显得更加可怕。拯救的方法只有一个：舍弃那正在死去的生命，而以那不会死亡的生命为生。"[1]

只要你把习惯的生活抛开片刻，从各个角度看一看我们的生活，你就会发现，我们为了得到臆想的生命保障而做的一切，根本不是为了保障我们的生命，而仅仅是为了让这种想象中的生命保障占住我们的头脑，以忘掉我们的生命是无论如何也得不到保障。我们欺骗着自己，为了臆想的生活而葬送实际的生活，这还不够，我们在这种对保障的追求中，最常毁掉的正是我们想使之得到保障的东西。一个富翁要保障自己的生命靠的是他有钱，而正是这些钱使一个强盗受到诱惑，他就来杀死这个富翁。一个总疑自己有病的人想保障自己的生命，就去不断地治病，而这个治病的过程就会慢慢地杀死他，即使不会杀死他，无疑他也已经失去了真正的生命。一个民族也是如此，他们武装起来，为的是保障自己的生活和自由，但实际上正是这种保障把他们引入战争，断送了成千上万人的生命和民族的自由。

基督的教义教导我们，生命是不可能得到保障的，必须要在每一分钟都准备着死亡，这种教导比起有关必须保障自己生

---

[1] 参见圣经《新约·路加福音》13：2—3。

命的世俗教导来，可以赋予人以更大的幸福，其原因只是一点，无论世俗的教导也好，还是基督的教义也好，死亡的必然性和生命的无保障都是同样不可更改的，但生命本身，根据基督的教义，不会一点不留地完全消耗在为幻想保障自己的生命而从事的无聊事务上，生命将是自由的，并且可以奉献于生命所固有的目的：完善自己的灵魂和弘扬对他人的爱。

凡不把正在死去的肉体看作自我的人，必懂得真理和生活。（佛教哲理）

所以我告诉你们：不要为你们的灵魂忧虑吃什么，喝什么，也不要为你们的身体忧虑穿什么。灵魂不胜于饮食吗？身体不胜于衣裳吗？

你们看那天上的飞鸟：它们不耕种，不收割，也不在仓里积蓄；你们的天父尚且养活它们。你们不比它们贵重得多吗？

你们哪一个能靠着思虑使身材多高出一肘呢？

所以，不要忧虑说：我们吃什么？或者喝什么？或者穿什么？

你们先求上帝的国和他的真理，这一切就要加给你们了。

所以，不要为明天忧虑，因为明天自有明天的忧虑：一天的难处一天当就够了。（《马太福音》6：25—27、31、33、34）

个人意志是永不会满足的，哪怕它的要求都得到实现。但只要你拒绝了它——拒绝了个人意志，你立刻就会体验到极大的满足。为自己的意志而生，永不会得到满足；舍弃了它，就不能不获得极大的满足。唯一真正的美德——就是憎恶自己，因为不管什么人，都因其淫欲而应当受到憎恶。人在憎恶自己的时候，也在寻求值得热爱的生命。但因为超出我们的东西我们无法去爱，所以我们不能不去爱那只是存在于我们，却不是我们自身的生命，这个生命只能是那万物共有的生命。天国就在你们心中（《路加福音》17：21）；万物共有的幸福就在我们心中，但这种幸福不是我们自身。（帕斯卡）

三 对他人真正的爱只有舍弃自我才能实现

不灭的只有那不为自己而生者。但那不为自己而生者为了什么而生呢？只有在你为所有人而生时，才可以说不为自己而生。人只有为所有人而生，才可以平安无事。①（老子）

假如你心中想到了，你就可以做到使自己的生活不脱离人类。你生活在人类之中，以人类为生，也为了人类而生。生活在众人之中，你不能不舍弃自我，因为我们生来都是相依为命的，如同双脚、双手、双眼，而与众人相依为命不舍弃自我是不行的。（马可·奥勒利乌斯）

强迫自己去爱别人不行。只有抛弃了阻挠爱的东西才行。而阻挠爱的正是对自己动物性之我的爱。

---

① 原文见《道德经》第七章："天地之所以能长且久者，以其不自生，故能长生。是以圣人后其身而身先，外其身而身存。"此引文与原文有出入。

"爱人如己"——不是说你必须尽力去爱他人。不能强迫自己去爱他人。"爱他人"——是说你必须不再先爱你自己。而只要你不再先爱自己,你就会不由自主地去爱他人,像爱自己一样。

要想不只停留在口头上,而是在行动上真正去爱他人,就不应当爱自己——不爱自己,同样也不要只停留在口头上,而要付诸行动。但一般的情形是这样:我们说爱他人,但只是在口头上——而爱自己却不是在口头上,而是在行动中。我们会忘记给别人穿衣、喂食、找住处——对自己却从来不会忘。因此,为了使爱他人实实在在体现在行动上,应当学会忘掉给自己穿衣、喂食、找住处——就像我们忘了给别人做这些事一样。

当你与人交往的时候,应当习惯于在心里对自己说:我考虑的只是他,而不是我自己。

在谈话中间只要你想到了自我——你就会失去你思想的线索。只有当我们完全忘记自我,走出自我的时候,我们才会卓有成效地与他人交往,才能为他们服务,并对他们产生有益的影响。

一个人外在的财物越多,生活条件越完善,他离自我牺牲的快乐就越远,就越难得到这种快乐。富人们几乎完全丧失了这种快乐。对于穷人来说,任何一点有助于他人的劳动,任何一块送给乞讨者的面包,都是一种自我牺牲的快乐。

而富人呢，即使从他三百万家产中拿出两百万来给别人，他也体会不到自我牺牲的快乐。

很久很久以前，在地球上发生过一次大旱灾：所有的河流和水井都干涸了，草木丛林也都干枯了，许多人和动物都焦渴而死。

一天夜里，一个小姑娘拿着水罐走出家门，为她生病的母亲去找水。小姑娘哪儿也找不到水，累得倒在草地上睡着了。当她醒来的时候，拿起罐子一看，险些把里面的水洒出来。罐子里竟装满了清亮新鲜的水。小姑娘喜出望外，真想喝个够，但又一想，这些水给妈妈还不够呢，就赶紧抱着水罐跑回家去。她匆匆忙忙，没有注意到脚底下有一条小狗，一下子绊倒在它身上，水罐也掉在了地下。小狗哀哀地尖叫起来。小姑娘赶紧去捡水罐。

她以为，水一定都洒了，但是没有，罐子端端正正地在地上放着，罐子里的水还满满的。小姑娘把水倒在手掌里一点，小狗把它都舔净了，变得欢喜起来。当小姑娘再拿水罐时，木头做的水罐竟变成了银的。小姑娘把水罐带回家，交给了母亲。母亲说："我反正都要死了，还是你自己喝吧。"又把水罐递回给小姑娘。就在这一瞬间，水罐又从银的变成了金的。这时，小姑娘再也忍不住，正想要凑上水罐去喝的时候，突然从门外走进来一个过路人，要讨水喝。小姑娘咽了一口唾液，把水罐递给了这过路人。这时突然在水罐里跳出了七颗很大的钻石，随之从里面涌出了一股巨大的清澈而新鲜的水流。

而这七颗钻石越升越高，升到天上，变成了七颗星星，这就是人们所说的大熊星座。

你所献出的，即是你的，你所保留的，却是别人的。

如果你割舍自己的一些东西献给别人，便是为自己造福，这种福永远是你的，任何人也不能把它从你身边夺走。

而如果你保留了别人也想拥有的，那么你保留它也只是暂时的，或者只能保留到你不得不交出它的时候。当死亡来临的时刻，你就不得不交出这一切了。

终有一天，人们会发现，为他人而生是如此容易，正如今天他们可以很容易地在不知原因的战争中去赴死一样——难道我们对这一天不能抱有希望吗？为此我们需要做的只是升起人们的灵魂，使它重放异彩。（布朗①）

四　把全部精力都用于满足某些动物需求的人会葬送自己真正的生活

如果人想的只是自己，并且处处都想得到好处的话，他就不可能获得幸福。你要想为自己的真正幸福而生，为自己而生，那就请为他人而生。（塞内加）

---

① 艾德瓦尔德·布朗（1811—1891），英国主教，宗教作家。

为了弄明白，为什么必须要为了灵魂生活而舍弃肉体生活，只要想象一下就够了，如果人的生活全部沉湎于肉体的、动物的欲望之中，这种生活就将变得何等丑恶和可怕。人真正的生活只能开始于当他开始舍弃动物性的时候。

基督用葡萄园户的寓言故事（《马太福音》21：33—42），来解释那些把生活的幻影——动物性的个人生活——看作真正生活的人们的谬误。

一伙人住在主人造好的园子里，就把自己当成这个园子的所有者。由这种虚假的想象引出了他们一系列疯狂而残忍的举动，最后以他们被除灭而告终。与此完全相同的是，我们也这样想象，我们每个人的生活都属于我们个人所有，我们有权随心所欲地利用它，无论对谁我们也不负有任何责任。对于我们这些抱有类似想法的人来说，也就不可避免地要做出一系列疯狂而残忍的举动，酿成种种的不幸，当然也就会从生活中被清除出去。正像葡萄园的霸占者们那样，他们忘了，或者就是不愿知道，交给他们的园子已经松好了土，围好了篱笆，挖好了井，已经有人在这些事上付出了劳动，也就期望借此得到收获，而那些只以个人生活为生的人们呢，同样忘了，或者就是要忘掉在他们出生之前别人为他们所做的一切，以及在他们一生中别人所做的一切，忘掉别人也因此而对他们有所期待。

按照基督的教义，那些住在并非他们开辟的园子里的葡萄园户，应当明白并感受到，他们对园子主人欠下了一笔难以偿还的债，同样，人们也应当明白并感受到，从出生直到死的那一天，他们始终欠着某些人，欠着那些前辈的人、同时代的人以及将要出世的人一笔难以偿还的债，也欠着那过去、现在及将来都作为万物本源的事物同样难以偿还的债。他们应当明白，他们生命中的每一刻都证明着这种责任的存在，因此，那只为自己生活，而否认他对其生命及生命本源负有责任的人，自己便剥夺了自己的生命。

有些人想，舍弃自我是对自由的破坏。这些人不懂得，只有舍弃自我才能给我们带来真正的自由，使我们摆脱我们自己，摆脱被我们的淫欲所奴役的地位。我们的欲望是最为残酷的暴君；只有遗弃它们，才能感受到自由。（费奈隆[①]）

如果一个人懂得了自己的使命，但是却不能舍弃自我，那么这就好比一个人只拿了里屋门的钥匙，而没有外屋门的。

个人使命就包含在舍弃自我的法则之中，这种意识与生活享乐是格格不入的。假如我们想把这种使命意识与享乐混合在一起，并把这种混合物当作治疗病态灵魂的良药的话，那么这两种基本元素立刻就会自行分离开来。而假如结果不是这样，假如人的崇高使命意识不产生任何作用，而肉体生命从看似等同于人生使命的享乐追求中得到了某种力量，那么，精神生命就将彻底消失，一去不复返。（康德）

[①] 费奈隆（1651—1715），法国作家，大主教。

五 只有舍弃自我才能摆脱罪孽

为了灵魂的幸福而舍弃动物性的幸福，是一种觉悟转变的结果，就是说，一个曾经只认识到自己动物性的人，开始认识到自己是灵魂的生命。如果实现了这种觉悟的转变，那么从前被视为艰难与痛苦的，便已不再被视为艰难与痛苦，而是自然而然把这看作最好的事，而不是最坏的事。

有些人想，并且声称，为了完成人生的使命，为了得到幸福，必须要有健康、财产和优越的外部条件——这是不对的：健康、财产和优越的条件对于完成人生使命和获得幸福来说是不需要的。我们已被赋予了获得灵魂幸福（这种幸福是无论如何不会遭到破坏的），获得弘扬自身爱心的幸福的可能。我们应该做的只是相信这种灵魂生活，并把全副精力都投入到其中去。

你以肉体生活为生，为了它而劳作——然而一旦这种肉体生活出现了障碍，你就应从肉体生活转入灵魂生活。而灵魂生活永远是自由的。这就如同鸟儿长着翅膀。鸟儿可以用爪子走。但只要遇到不便或险情——鸟儿对自己的翅膀是充满信心的，它就会展开双翼，腾空而起。

在与上帝单独相处的时候，没有什么比内心的劳动更重要的了。这种劳动就是要使自己克制获取动物性幸福的欲望，提醒自己肉体生活的虚幻性。只有当你单独与上帝相处时，才能做到这一点。当你与他人相处时，则来不及做了。在你与他人相处的过程中，只有当你已准备好在独处中舍弃自我并与上帝合为一体时，你才能够妥善地做好一切。

任何一个人或迟或早，或清楚或模糊地总要体会到一种内在的矛盾：愿为自己而生，同时又愿成为有理性的人。但为自己而生是非理性的。这看上去是一个矛盾，那么这到底是不是矛盾呢？如果这算是矛盾的话，那就等于说在一颗腐烂的种子上出现了这样的矛盾：它腐烂了，却长出了芽。真正的矛盾只有出现在我不想听到理性的声音之时。理性指出了人的觉悟由个体生命向不断成长的灵魂生命转变的必要。它指出了个体生命的空虚和无聊，揭示了新生命的即将出现，正如一个樱桃核正在生根发芽。真正的矛盾只有出现在这样的时候：我们紧紧抓住这种外在的、腐朽的生活形式，不想与之决裂，好比一颗种子的外壳在种子冲破它的时候，它还在极力想证明自己的生存意义。那我们称之为矛盾的，只是在新生命之前诞生的痛苦。只要不把肉体生命的必然消亡与灵魂生命对立起来，并献身于这种灵魂生命，那真正的、美好的新生活就会展现在眼前。

生活中唯一真正快乐的事——就是灵魂的成长，而灵魂的成长需要舍弃自我。舍弃自我要从小事做起。当你在小事上学会舍弃自我时，你就会有勇气在大事上舍弃自我。

当你的灵魂生命之光熄灭时，肉体欲望的阴影就会遮住你的路——要提防这个可怕的阴影：只要你不从自己的灵魂中赶走肉体的欲望，你的灵魂之光就无法驱散这种阴影。（婆罗门教哲理，引自《沉默的声音》）

摆脱肉体私欲的主要困难是，肉体私欲是生活的一种必要条件。人在童年的时候它是必要的，自然而然的，但随着理性的显现，它就应逐渐减少，最终消失。

孩子不会为私欲而感到良知的谴责，但当理性显现出来的时候，私欲对人本身来说就成为一个负担；随着生活的进展，私欲就越来越淡薄，而当死期临近的时候，它就会完全消失。

彻底舍弃自我——意味着自己成为上帝；只为自己而生——意味着彻底成为牲畜。人的生活就是不断地远离牲畜的生活而靠近上帝的生活。

我的生活是与我对立的；我感到自己身处罪孽之中——只是从一个罪孽中爬出来，又跌进另一个罪孽中去。我怎样才能把自己的生活哪怕是稍加改善呢？最有效的方法只有一个：认清自己的生命在于灵魂，而不是肉体，不要介入肉体生活的龌龊勾当。只要你全心全意地希望这样，你将看到，你的生活立刻就会自行改变。生活得不好，只是因为你让灵魂生命为肉体生命服务。

一个人如果不想舍弃自己的肉体，不抛开把肉体需求置于灵魂需求之上的做法，那么他为摆脱罪孽而做的努力都是徒劳的。

六 舍弃动物的自我将给人带来真正的、牢不可破的灵魂幸福

无论对每一个个人的生活来说,还是对大众的生活来说,都存在着一个同样的法则:即为了改善生活,就要准备奉献生活。

人无法知道他为了别人而自我牺牲的结果是什么。然而但愿人们都去这样生活,哪怕只是稍稍体验一下当他忘掉自我、舍弃肉体私欲时的感觉,我相信,每一个诚实的人都会承认这样做对他的灵魂和肉体产生的良好影响,哪怕这种影响只是短暂的。(约翰·罗斯金)

人越是舍弃动物的我,他的生命就越自由,对别人越显得重要,而对他自己来说,也越是充满喜悦。

福音书里说:凡舍了生命的,必得到它。这就是说,真正的生活只有那拒绝动物性生活幸福的人才会得到。

人的实际生活,只是开始于人为了灵魂,而不是为了肉体寻找幸福的时候。

人在自己的生活中就像一片积雨云,把雨洒向草地、田野、森林、花园、池塘、河流。云中的雨洒完了,给了成千上万的花草、稻穗、丛林树木以生命和活力,于是它变得稀薄、

透亮,很快就完全消失了。一个善良的人的肉体生命也是如此:他给了许多许多人以帮助,使生活变得轻松,使它走上正路,使它得到安慰,最终这个人耗尽了全部肉体的生命,死去了,去往那唯一永恒的、无形的灵魂生命的归宿。

树木献出了自己的果实,甚至树皮、叶子和汁液,献给所有需要这些东西的人。人如果同样去做便是幸福的。然而能够理解这一点并实际去做的人却太少了。(克里希纳)

人不停止为自我考虑,就无法获得幸福。而要停止为自我考虑,不彻底是不行的。即使保留丝毫自私的杂念,也会败坏一切。我知道,这很难,但我也知道,为了获得幸福我们别无选择。(艾·卡彭特[①])

许多人都觉得,生活中如果排除了个体性和对个体的爱,那就一无所有了。他们觉得,没有个体就没有生活。但持有这种想法的,只是那些未曾体验过自我牺牲的喜悦的人。剔除生活中的个体性,将它舍弃,那么剩下的就是构成生活本质的东西——能带来真正幸福的爱。

人越是认清灵魂的我,越是舍弃肉体的个性,越能真实地理解自我。(婆罗门教哲理)

[①] 艾·卡彭特(1844—1929),英国作家,政论家。

人越是把自己的生活从动物生活转向灵魂生活，他的生活就变得越自由，越快乐。为了使人能够把生活从动物生活转向灵魂生活，必须要使他觉悟到自己是灵魂的生命。而为了使人能够觉悟到自己是灵魂生命，他就要舍弃肉体的生活。信仰需要自我牺牲，而自我牺牲需要觉悟。这些都是相辅相成的。

从幸福的角度去理解生活，这是一个难以解决的问题，因为我们的最高追求妨碍着我们去享有幸福。从义务的角度去理解，同样是一个难题，因为义务的完成带来的是平和，而不是幸福。

只有神圣的爱和与上帝的结合才会解开这个难题，因为，那时自我牺牲就成了持续增长的、始终不渝的快乐。（阿米尔）

对于实际生活中的每个人而言，纯粹意义上的义务观念，比起由追求幸福或与幸福相关的事物而产生的动机（这需要不少矫揉造作的花样翻新的想象）来，要远为简单明了，也远为真实自然，不仅如此，如果用普通的健康思维来评判，义务观念——如果它被健康的思维所掌握，并完全脱离了自私自利的动机的话——则比起所有产生于自私自利的动机还要强大而坚定得多，并且更有希望获得成功。

我能够做到，所以必须去做——这种觉悟开启了人内心深处上帝所赐的天赋，这种天赋使人就像神圣的先知一样，感受到了他真正使命的伟大和崇高。假如人能够常常对此给予足够的注意，并习惯于把美德和所有完成义务的奖赏从根本上区别开来，假如把不断的美德训练作为个人和社会教育的主要课程，那么，人们的道德状况就会很快得到改善。历史的经验至今还没有对美德的学说给予完满的答案，其罪恶的根源就在于这种荒谬的观念：由义务观念产生的动机是极为微弱的，可望而不可即，而更有力地影响人类心灵的、更切实的动机，则产生于对利益的考虑，这些利益是因为遵守法则而一定会部分地在现世得到、另一部分在来世得到。其实，唤醒人舍弃自我的、对自身灵魂本源的意识，比任何一种奖赏都更为有力地促使人去遵守善的法则。（康德）

10 | 谦逊

那最能理解自己的人,必对自己最少敬意。

一 谦逊是真正幸福的必要条件

人在现世的最高幸福就是与自己的同类结合在一起。骄傲的人在把自己与他人脱离开来的时候,也剥夺了自己的这种幸福。而谦逊的人已在自身清除了通向这种幸福之路上的障碍。因此,谦逊是真正幸福的必要条件。

每个人生活中最主要的事——就是让自己成为更善的人,更好的人。但你若是认为自己已是个完美的人,那还怎么能成为更好的呢?

一旦你承认自己不是主人,而是仆人,你心中的彷徨、焦虑、不满就会立刻被明朗、安详、和平及喜悦所代替。

自负——是动物的本性;谦逊——是人的本性。

那最能理解自己的人,必对自己最少敬意。

凡自我满足的,必常常对别人不满。
凡常常对自己不满的,必常常对别人感到满意。

一个哲人听说别人认为他是个坏人。他回答说:"还好他们不完全了解我——否则他们连这种话也不会说了。"

对灵魂最有益的东西,莫过于永远铭记,你是渺小的,无论就时间还是就空间来说,你都是个微不足道的小虫,你的力量仅仅在于,你能够明白自己的渺小,并因此而保持谦逊。

虽说大多数人很少注意自己的缺点,但没有人了解别人的坏事比了解自己的坏事更多的。
所以说,谦逊是每个人都可以轻易做到的。(沃尔斯利[①])

只要稍加回想,我们总能在自己身上找到有悖于人类行为的过错(姑且把下面这种情况也仅视为过错,即由于民权的不平等,我们享有着一些众所周知的特权,而因为这些特权的存在,其他人就不可避免地被剥夺了更多的权利)——能想到这些,就会制止我们借助于对个人功劳的自私自利的想象,而认为自己高于他人。(康德)

只有用别人的眼光才能看见自己的缺点。(中国谚语)

每个人都是我们的一面镜子,从中可以看到我们身上存在的恶习、缺点和所有坏的东西;但大多数情况下我们的做法就像狗那样,对着镜子吠叫,心里想,它在镜子里看到的不是自己,而是另一条狗。(叔本华)

自负、蠢笨而道德败坏的人,常常想让谦虚、聪明而道德

---

① 查尔斯·沃尔斯利(约1630—1714),英国作家。

纯洁的人来尊敬自己,这是因为谦虚的人总是审视自己,而从不会想要一个坏人来尊敬自己。

只爱自己的人很少有情敌。(利希滕贝格)

为了从理性的高度理解生与死,并平静地等待死亡,必须要理解自我的渺小。

你——只是某一个事物无限微小的一个部分,假如你没有肩负着一定的使命——事业,你就等同于无。只有事业赋予你的生命以意义。而你的事业就是,像所有的生物一样,利用你被赋予的工具:为完成既定的使命而耗尽自己的肉体。因此所有的事都一样,你所做的事不可能超出给你指定的范围。你能够做到只是,要么成为上帝的敌人,要么成为上帝事业的承担者。所以说,人不可能把任何重要的、伟大的事业归功于自己。只要你把某种伟大的、特殊的事业归功于自己,随之而来将是无休无止的争斗的失望、妒忌和种种的痛苦;只要你认为自己的意义大过能结出果实的植物,你的生命便完结了。能够在有生之年保持安宁、自由和喜悦,在死亡之时毫无畏惧的,只有那认识到自己的一生不为别的,只是为其主人而劳动的人。

二 谦逊凭借爱使人结合在一起

不为人所知道,不被人所理解,而不为此伤怀——这就是真正富有美德、爱他人的人的品质。(中国哲理)

正如水不能停在高处，善德与智慧不会被高傲者所拥有。两者都找低处安身。（波斯哲理）

善良的人——就是那牢记自己的罪孽、忘掉自己的善举的人，而邪恶的人——正相反，就是那牢记自己的善举而忘掉自己的罪孽的人。

不要宽恕自己，你就容易宽恕别人了。

善良而聪明的人的标志是，他们总认为别人既比自己心地好，也比自己聪明。

最受人喜爱的——是那些认为自己罪孽深重而谨守教规的人。而最令人厌恶的——是那些罪孽深重而自认为谨守教规人。（帕斯卡）

那些自以为是、高傲、自吹自擂的人，很难让人去爱、去可怜他们。由此可见，谦逊不仅美好，而且可以受益。谦逊比起别的来，能够更强烈地唤起生命中最宝贵的东西：对他人的爱。

谦逊的人会得到所有人的爱。我们都希望被人所爱，那么为什么不去努力做一个谦逊的人呢？

人们要想生活得好，就必须做到彼此和平相处。而在那每个人都想凌驾于他人之上的地方，不可能存在和平。人们越谦逊，越容易过上和平的生活。

凡崇拜高尚者的人，骄傲就会从他心中消失，正如火光会在阳光下黯然失色一样。凡心地纯洁、没有傲气的人，必性情温和、坚定而纯朴，他会把每一个生命都视为自己的伙伴，他爱每一颗灵魂都如同爱自己的一样，他对每一个人都抱有同样的温情和爱心，他渴望造善，抛弃虚荣——生活的主宰就存在于这人的心中。

正如大地生长出了美丽的花草树木，并以此来装点自己，人的心中存在着生活的主宰，他也以此而使自己变得美丽。（《往世书·毗湿奴》）

三 怎样与骄傲作斗争

真正的谦逊是难以做到的。每当想到别人的蔑视和欺侮，我们的心就会愤愤不平；我们极力要掩盖所有会在别人眼里贬低自己的东西，同时也极力对自己掩盖这些东西；即使我们品行不好，我们也不想看到自己实际所有的样子。但无论真正的谦逊多么难以做到，但它都是可以做到的。让我们努力舍弃妨碍我们这样做的东西吧。（引自《虔诚的思想》）

同样的缺点，在别人身上就是严重的，令人难以忍受的，而在我们自己身上就是无关痛痒的，无足轻重的，连感觉也感觉不到。在谈起别人的时候，人们常常很严厉，大加指责，却没有注意到，他们所谈论的正可用在他们自己身上。

只要我们能够在别人身上看到我们自己，我们就能尽快地改正我们的缺点。在别人身上清楚地看到我们的缺点，我们就

会痛恨自己的缺点，为它们的存在感到惊讶。（拉布吕耶尔[①]）

对道德完善危害最大的莫过于自我满足。

幸运的是，如果我们是在改善的过程中，则这种改善是不易察觉的，不经过很长一段时间，我们就难以发现自己的成就。

而如果我们总去关注这些成就，那么这就意味着，我们不是根本没有进步，就是反而退步了。

要警惕这样的想法——你们好于其他人，你们有着别人所没有的美德。无论你们有什么美德，只要你们以为自己好于其他人，这些美德就一钱不值。

尽力不要去想自己做的好事。如果你意识不到自己做的坏事，那么要知道，你意识不到自己的坏事，这已是坏事。

任何拿自己与别人比较以证明自己正确的做法都是一种邪念，是对善的生活及其主要事业——道德完善的阻碍。只能把自己与更高的完善相比较，而不能与或许比你还差的人相比较。

为了学会谦逊，必须靠自己的力量捉住自己种种骄傲的念头。

被人斥骂，被人指责——应该高兴；被人夸奖，被人赞赏——应该惧怕。

[①] 拉布吕耶尔（1645—1696），法国作家，著有《品格论》一书。

不要怕受屈辱：如果你能谦逊地接受它，这屈辱就会被与之相连的灵魂幸福加倍地抵偿。

要尽力不把有关自身罪孽的可耻记忆隐藏在黑暗的角落，正相反，要努力做到时刻不忘，以便在评判别人的罪孽时，想到自己也身负罪孽。

要永远把自己看作小学生。不要以为在学习方面你已经老了，你的灵魂已经定型了，不可能再有好转。对于富有理性的人来说，学习的功课是无止境的：直到走入坟墓他仍是学生。

真理只可用谦逊的心灵来领悟。谦逊不会激起妒忌之心。
大树被洪水冲走，芦苇却原地未动。
一个哲人说："我的孩子，不要因你不受人看重而伤怀，因为谁也夺不走你所做下的，谁也不会把你没有做的归于你。有理性的人安于他所应受的尊敬。

"要做到善良，谦恭，友好，关心他人的利益，幸福自然就会来到你的身边，正如水从高处流向低处一样。"（《往世书·毗湿奴》）

四 骄傲的后果

没有谦逊之心的人永远在批评别人；他看到的只是别人的错误，于是其自身的种种欲望和恶习就会日益膨胀。（佛教哲理）

一个未皈依基督教的人，爱的只是自己。而那只爱自己的人，想要成为伟人，却看到自己是个小人物，想要成为大人物，却感到自己无足轻重，想要做个好人，但知道自己是个坏人。明白了这些，他就不再爱真理，而开始想出种种理由，根据这些理由得出的结论就是——他这种状况就是他理想的状况。而想出了这些理由之后，他在自己眼中就变得伟大、高贵和善良起来了。这是一种很大的双重罪孽——骄傲和伪善。由骄傲生出伪善，由伪善再生出骄傲。（据帕斯卡）

自私之心使人把自己置于世间万物之上，谁不对自私之心深恶痛绝，谁便走入了迷途，因为与正义和真理相抵触的，莫过于从自私的角度去理解自己。自私之心是一种自我欺骗，因为你不可能站到世间万物之上，此外，自私之心是不公正的，因为每个人都有着同样的需求。（帕斯卡）

在我们洒满阳光的世界上，始终存在着一片黑暗：这就是由我们的自我推崇所投下的阴影。（卡莱尔）

人类的优点——力量，美丽、财富、身份、智慧、教养、学识，甚至善良，这之中没有哪一种在缺少谦逊的时候而不会消失，不会由优点和良好品质转化成被厌弃的个性。最令人厌恶的莫过于因自己的财富、身份、智慧、教养、学识和善良而自命不凡的人。人们希望被他人所爱，他们知道，骄傲会拒人于千里之外，但他们仍旧无法做一个谦逊的人。这是为什么呢？因为，拥有谦逊不是一件孤立的事。谦逊是人把自己的欲望从物质领域转向精神领域的结果。

五 在与邪念的斗争中，谦逊给人以精神幸福和力量

对灵魂最有益的，莫过于以高兴的心情接受屈辱。正如经受了酷热的"傲慢"太阳曝晒之后，下过一场温暖的细雨，谦逊地接受屈辱会给灵魂带来一片新的生机。

进入真理和幸福殿堂的门是一道矮门。能走进这殿堂的，只有那低下身来的人。而那走进这门的人是幸福的。这殿堂中广阔的空间是自由自在的，人们在里面彼此相爱，互相帮助，不知忧愁。

这个殿堂——就是人们真正的生活。殿堂的门——就是智慧的教诲。而智慧为谦逊的人所拥有，为那不是自升为高而是自降为卑的人所拥有。

按阿西西的方济各的话说，完美的快乐在于，能够忍受本不应该的诘难，忍耐肉体的痛苦，而不对这诘难和痛苦的起因产生憎意。这种快乐是完美的，因为别人的任何指责、凌辱和攻击都无法破坏这种快乐。

凡自高的必降为卑，凡自卑的必升为高。(《路加福音》14：11)

世上最柔弱的能战胜最刚强的；卑微和谦恭的能战胜高大

和骄傲的。世上只有少数人能理解谦逊的力量[①]（老子）

人自视越高，他就越弱小；人自视越低，无论对人对己，他就越坚强。

世上没有比水更柔软和更随和的东西，然而攻击坚硬和牢固的东西，没有比水更强大的了。弱能胜强。柔能胜刚。谦逊的能胜骄傲的。世上所有的人都知道这一点，但谁也不想照着去做。[②]（老子）

江河与海能够制服所有的谷溪川流，这是因为它们低的缘故。
因此圣人如果想高于人民，必须努力做到低于人民。如果他领导人民，则必须走在他们后面。
因此，圣人即使处在人民之上，人民也感觉不到这个。他走在人民之前，而人民并不为此而痛苦。因此，世人都不停地称赞他。圣人不与任何人争论，世上也没有任何人与他争论。[③]（老子）

水是液态的，轻盈而随和，但如果它攻击那牢固、坚硬和

[①] 与之意思相近的句子为《道德经》第四十三章："天下之至柔，驰骋于天下之至坚；无有入于无间。吾是以知无为之有益也。不言之教，无为之益，天下希能及之矣。"
[②] 原文见《道德经》第七十八章："天下莫柔弱于水，而攻坚强者莫之能先，以其无以易之也。柔之胜刚也，弱之胜强也，天下莫不知，而莫之能行。"
[③] 原文见《道德经》第六十六章："江海所以能为百谷王者，以其善下之也，故能为百谷王。是以圣人之欲上民也，必以其言下之；欲先民也，必以其身后之。故居上而民弗重也，居前而民弗害也。天下皆乐推而弗厌也，非以其无争与？故天下莫能与争。"

顽固的东西，则没有能与之相匹敌的：它冲垮房屋，把巨大的船只像碎木片一样掀翻，冲毁土地。空气则比水更为柔弱，轻忽而随和，而当它攻击牢固、坚硬而顽固的东西时也更为强大。它连根拔起大树，同样能摧毁房屋，把水也掀起巨浪，甚至把水赶入乌云之中。柔弱的，轻盈的，随和的能战胜坚硬的，猛烈的，顽固的。

在人们的生活中也是这样。你想成为胜利者，就要柔弱，轻盈而随和。

为了成为强大的，必须要像水那样。没有阻挡——便流淌；遇到堤坝——便停止；冲垮堤坝——再继续流淌；在方的容器中它是方的；在圆的容器中它是圆的。正因为它是这样随和，所以它既是最柔弱的，又是最刚强的。

11 面对真实

我们每个人爱真理都胜于爱谎言,但在事关我们的生活时,我们却常常宁可信谎言……

一 怎样对待根深蒂固的信仰和习俗

迷信妨碍善的生活。摆脱迷信只有靠真——不仅面对他人，面对自己的内心也是如此。

面对一种学说，哪怕全世界都把它视为真理，也不管它有多么古老，人也应当用理性去检验它，如果它与理性的要求相违背的话，也要勇敢地抛弃它。

你们必晓得真理，真理必叫你们得以自由。（《约翰福音》8：32）

那种有关永远服从现政权、视众人所信奉的一切为真理的学说，是不会被那把自身神圣天性视为真理之最高法官的人所接受的。

谁要想成为一个真正的人，就必须抛弃迎合世俗的那一套；谁要想过上真正的生活，就不要受人们公认为善的东西所左右，而要仔细地搜寻，真正的善是什么，在哪里。最神圣而富有成效的莫过于灵魂的独立探索精神。（爱默生）

如果是真理，就要让大家——穷人，富人，男人，女人和孩子——都去信奉它。而如果是歪理，我们就都不去相信它：不管富人，穷人，或某个群体，不管女人，还是孩子。真理应当异口同声地颂扬。

人们常常私下说,向大多数人讲明某些道理是危险的。有人说:"我们知道这是虚伪的,但对人民来说却必须这样。信奉这些,对人民来说是有益的,因为,动摇了他们的这点信心,会酿成许多罪恶。"

不。邪路永远都是邪路,尽管为了欺骗绝大多数人你把这条路指给他们走。虚伪的东西不论什么时候对谁都不会有益。因此,我们只承认一种普遍的法则:追随我们所知的真理,不管它把我们引向哪里。(克里福德[①])

人们乐于相信,我们的一切行为都是为了真理——这种想法既包含着善,也包含着恶。正是这种想法使社会得以前进,也正是这种想法使这种前进的步伐变得缓慢而痛苦:每一代人靠着它毫不费力就可接受到遗传给他们的、前人以艰苦劳动积累的知识,同样,每一代人都因为它而成为其先驱者们的谬误的奴隶。(亨利·乔治[②])

人生活得越久,就会越多地摆脱迷信。

一切迷信:上帝法则的,国家的,科学的——都不过是对思想的歪曲,因此,要想摆脱这些迷信,只有把理性所开启的真理提出的要求运用到这个过程中去。

---

① 阿瑟·克里福德(1778—1830),英国古董商,作家。
② 亨利·乔治(1839—1897),美国经济学家,著有《进步与贫穷》等著作。

信奉那些本身对我们有益、被我们乐于接受并视为真理的东西，这只是孩子、也是人类童年的一种自然本性。一个人或整个人类生活得越久，其理性越成熟和确定，他们就会更多地摆脱这种虚伪的观念，即凡是对人有利的就是符合真理的。因此，对每一个人来说也好，对整个人类来说也好，随着生活的进步，他们必须要做的事就是，运用自己理性的努力和前人的全部智慧，来检验作为信仰的有关真理的理论。

每一种形诸语言的真理，都是一种具有无限影响的力量。

二 谎言及其前因后果

不要以为，只要在那些重大的事件中说真话，做真事就行。说真话，做真事，必须要坚持不懈，哪怕在最无关紧要的事情上也要这样。关键不在于因你虚伪而产生的恶是大是小，关键在于，永远也不要用虚伪来败坏自己。

即使生活不符合真理，但毕竟承认真理总好于掩盖真理：我们会根据真理来改变自己的生活；而我们无论如何都不能改变真理，它始终如一，并且不断地揭穿着我们。

我们每个人爱真理都胜于爱谎言，但在事关我们的生活时，我们却常常宁可信谎言，而不信真理，因为谎言可以为我们龌龊的生活辩解，而真理则揭穿这种生活。

对每一种能被人们觉悟到的、替代以往谬误的真理来说，都有这样一个时期，即，谬误明确存在，而注定要取代它的真理也已展现出来。但那些要么因为谬误对他们有利、要么对谬误已经习以为常的人们，总是尽全力要保留住它。在这个时期，勇敢地宣扬真理就显得格外重要。

如果有人对你们说，不必事事追求真理，因为完全的真理是永远也找不到的，这时，不要相信他们，并且对这样的人要提高警惕。他们不仅是真理最凶恶的敌人，也是你们最凶恶的敌人。

你要想认识真理，首先就要做到，即使在你寻找真理的时候，也要摆脱种种因将会解决这样或那样的问题而获益的想象。

当你意识到别人的虚伪并揭穿他，往往是令人高兴的，但加倍让人高兴的，是你能意识到自己的虚伪并揭穿了自己。要努力尽可能经常地为自己获得这种快乐。

无论谎言及其种种邪念具有何等的诱惑力，它都会有这一天：谎言已使人痛苦不堪，他已不是在寻求真理，而只是努力摆脱一切与谎言紧密纠缠在一起的东西，这些东西不断折磨着他，为此他转向真理，并只有在真理中才能获得拯救。

是什么样的乌云笼罩着世界？为什么如此天昏地暗？是什么玷污了这个世界？它面临的巨大危险在哪里？

它的危险在于，人们不是靠着每个人都被赋予的理性生活，而是靠着他们共同的被歪曲的理性生活，这种理性在他们中间确立起来，为他们的放纵情欲加以辩白。人们经受着痛苦，寻求拯救。什么能拯救他们呢？只有对自身理性的尊重和对真理的追随。（据东方文献）

痛苦的经验向我们表明，从前的生活条件是无法延续的，因此必须寻找新时代应有的新条件；但人们不是把自己的理性用于寻求创造这些新条件，而是用自己的理性去努力把生活保持在数百年以前它所存在的条件中。

最大的不幸，莫过于人开始害怕真理，因为真理会彰显他的恶劣。（帕斯卡）

真理最明确的标志——是简单明了。谎言总是繁复、精巧而连篇累牍。

人在有限的时间和范围里可能是孤独的，但我们的每一种思想，每一种情感，在全人类之中现在已经得到、过去也曾得到、将来还会得到回声。对于被大多数人公认为领袖、改革者和启蒙思想家的某些人来说，这种回声是巨大的，它传达出了一种特殊的力量；但没有哪个人的思想不会对他人产生影响，即使这种影响是微乎其微的。每一次灵魂的真诚表现，每一种个人见解的产生，都会对某些人或某些事产生益处，甚至当你们还不知道这一点，甚至当有人堵住你们的嘴巴，或者把绞索套在你们脖子上的时候，也是如此。一句对别人说出来的话，

会保持不可磨灭的影响——就像任何一种行动一样,它可以转化为别的形式,但永远不会消亡。(阿米尔)

三 迷信所依靠的是什么

某些事物、习俗、法律,所受到的敬仰越多,越是要认真地检验它们享有敬仰的权力。

我们把许多古老的真理视为想当然的东西,是因为我们从来也没有严肃地思考过它们。(罗德[①])

智慧是世上最伟大的圣物,但也因此而被利用来造成最大的罪孽,即把智慧用于掩盖或者歪曲真理。

谎言与暴力的最高形式——就是由某些人制定出一种规则,它不经其他人论证,而必须被接受为一种信仰。
人们为什么会需要这种东西呢?

每一种政权的基础——都是暴力,基督教的基础——是爱。国家——靠的是压迫,基督教——靠的是说服。(坎宁安·盖基[②])

基督不曾创立过任何教会,不曾组建过任何国家,不曾制

[①] 艾多瓦尔德·罗德(1857—1910),瑞士法语作家,批评家。
[②] 坎宁安·盖基(1824—1906),英国神学家。

定过任何法律，任何政府和任何外在权威，但他却致力于在人们的心中写一部上帝的法律，使他们能够做到自我引导。(赫伯特·牛顿[①])

纵观人类的历史，我们会不时注意到，最明显的谬误常被人们当作不可置疑的真理，有些民族竟全部成为野蛮迷信的牺牲品，他们拜倒在与自己同类的、僵死的人面前，常常对那些被他们想象成代表神灵的白痴和好色之徒卑躬屈膝；我们看到，一些民族全都沦为奴隶，为了让那些靠他们养活的人能过上舒适而奢侈的生活，他们忍受着痛苦，饥饿而死。人类这种荒诞、痛苦的经历的根源永远只有一个：把那些连小孩子都无法不视为荒诞不经的东西尊奉为信仰。(据亨利·乔治)

我们的时代——是真正的批判的时代。所有被接受为信仰的都要受批判的检验。

人们常常以为宗教和立法可以逃脱批判。首先——是靠着它们的神圣性，其次——靠着它们的威势。

但在这种情形下，它们引来的是公正的猜疑，也无法再期望获得真诚的尊敬，因为理性给予尊重的是那能够经受住全体人民广泛考验的事物。(康德)

不必害怕人们已确立的传统习俗被理性所破坏。如果理性不被真理所替代，它无法毁坏任何东西。它的本质就是如此。

[①] 赫伯特·牛顿（1840—1914），美国传教士，作家。

四 宗教的迷信

人们不知有上帝,这不好,但更糟的是人们把并非上帝的认作上帝。(拉克坦提乌斯[①])

真是咄咄怪事!有史以来所有的恶棍都极力把他们卑鄙的行径伪装成对宗教、道德和爱国主义利益的忠诚。(海涅[②])

我们已再也没有宗教了。上帝的永恒法则及其永恒的天堂地狱,都转变成了建立在精确计算利益得失上的实用哲学规则,以及对因善举和美德所获乐趣的残余敬意。用我们祖辈的话说就是,我们"忘了上帝",而用如今的表达方式,我们应当说,我们对尘世生活的理解是错误的。我们心安理得地闭上眼睛,不想看到事物的永恒本质,我们所看清的只是臆想中的事物的外表。

我们心安理得地把宇宙看作一个巨大而费解的偶然现象;凭着表面形状判断,它被明明白白地想象成一个庞大的畜牧场或厂房,或者是一排宽敞的摆好饭桌的厨房,只有那些明智的人才能在桌前找到自己的座位。

是的,我们已没有上帝!上帝的法则已被尽量获利的原则所代替。(卡莱尔)

[①] 拉克坦提乌斯(约240—约320),基督教护教士,作家,生于北非。著有《神圣教规》等。
[②] 海涅(1797—1856),德国著名诗人。

没有纯洁的灵魂何必要敬奉神?何必要说"我要去比纳勒斯[①]了"?那作恶的人怎么才能到达比纳勒斯呢?

神灵不在林中,不在天上,不在地下,也不在圣洁的河中。清洁你自身,你便会看到神。将你的肉体变为殿堂,抛弃不洁的念头,以你内心的目光来凝视神。当我们认识了他,也就认识了自己。没有亲身体验,只靠经书消除不了我们的恐惧——正如画在纸上的火光赶不走黑暗。无论你有什么样的信仰,无论你如何祈祷,只要你心中没有真理,你就不会走上幸福之路。凡认识到真理的人,必得到再生。

真正幸福的源泉——是心灵;凡在别处寻求幸福的人是愚不可及的。这样的人就像那怀抱着羊羔找羊羔的牧人。

你们何必要堆起石头建造高大的殿堂呢?你们何必要这样折磨自己呢?神一直就驻在你们的心中。

一条护院的狗好于在屋里摆一个无生命的偶像,而世上一个伟大的神好于所有半神半人的东西。

那像启明星一样存在于每个人内心深处的光,就是我们的避难所。(《往世书·筏摩那》)

任何夸大某个人物或某句话的意义的做法都是对灵魂法则的破坏,都会使得大胆的读者放弃《新约》而拿起异教哲学家的著作。并不是因为爱比克泰德或马可·奥勒利乌斯[②]更好,而是因为他们没有妨碍读者的自由:因为他们只是陈述自己的思想,然而它(《新约》)却以表面的形式在那不应有什么规定的

---
① 比纳勒斯,被印度人视为圣城的城市。——托尔斯泰原注。
② 爱比克泰德和马可·奥勒利乌斯均为非基督教派的哲学家,因而被称为异教哲学家。

地方做出规定。人类不应继续忍受福音书这种无益的状况。我们今天的任务就是，在人类智慧的起源和本质的同一水平上，把所有这些文献都统一起来。每一个富有灵感的作家，只有制止人们以偶像崇拜的态度来对待他，才能获得成功。（爱默生）

奇怪的是，世人所容忍并采纳为真理的最高启示，只是那些最古老且在今天已经不合时宜的东西，而他们对每一种简捷的启示、每一种独特的思想却都看得微不足道，有时甚至是恨之入骨！（梭罗）

在圣经中，在奥义书①中，在福音书中，在古兰经中，在佛祖和孔子的论述中，在斯多葛派的著作中，有许多有益的思想，但最需要、最简明、最亲切的，是离我们最近的宗教思想家们的思想。

人类的宗教意识并不是停滞不前的，而是不断变化的，越来越清晰，越来越纯洁。

为了矫正生活中现存的罪恶，别无选择，只能从揭露宗教谎言和在每个作为个体的人心中确立宗教真理开始。

五 人身上的理性本源

---

① 奥义书，古代印度宗教哲学著作。

什么是理性？无论我们判断什么事物，永远只能靠理性。既然如此，我们用什么来判断理性呢？

如果我们判断一切都要靠理性，那么根据这个说法，我们就无法来判断理性了。然而，我们每个人都不仅懂得理性，而且确切无疑地懂得的只有理性，并且大家的理解都是一样的。

人的优点——就在于他的灵魂本源，它有时被称作理性，有时被称作良知。这个本源，超出于受空间和时间所限的一切，涵盖着明确的真理和永恒的真实。在不完善之中它发现着完善。这个本源是共有的，不偏不倚的，并且永远与人类天性中的偏见和私心相对抗。这个本源庄严地告诉我们每一个人，与我们最近的，像我们自己一样，即是宝贵的，而它的权力，就像我们自己的一样，是神圣的。它吩咐我们接受真理，无论这真理与我们的骄傲是何等格格不入，它吩咐我们保持正义，无论这样做对我们如何不利。它，这个本源，呼唤我们对一切美好、神圣、幸福的事物抱有爱心，无论我们在谁身上发现这类性质的事物，都为之欢欣鼓舞。这个本源就是人心中的神灵之光。（钱宁）

我们所知道的一切，都是通过理性得知的。因此不要相信那些声称无须遵从理性的人。那些人这样说，就如同建议熄灭为我们在黑暗中引路的唯一灯光。

我们必须要相信自己的理性。这是一条真理，不应该也不必去掩盖它。由理性产生的信仰是其他任何一种信仰的基础。理性的能力使我们得以认识上帝，如果我们贬低这种能力的意义，我们就无法信奉上帝。理性就是这样一种才能，能够与之相通的只有神启。只有用理性才能洞悉神启。如果认真而合理地运用了我们杰出的才能，我们仍觉得一种广为人知的教义与我们深信不疑的某些重要原则是矛盾的，是无法调和的，那我们无疑就应放弃对这种教义的信仰。我更相信我来自于上帝的天赋理性，而不相信某些书本就是上帝意志的表述。（钱宁）

理性给人揭示了生活的内涵和意义。

人被赋予理性，不是为了让他学会爱上帝和他人。这种爱早已植入人的内心，而无须理性。理性赋予人是为了对人指明什么是谎言，什么是真理。而只要人摈弃了谎言，他就能学会他所需的一切。

人们在寻求和认识真理的问题上之所以会产生谬误与分歧，原因不是别的，只是他们不相信理性；由于这个原因，人类的生活，受到除理性之外的习俗、传统、时尚、迷信、偏见、暴力等随便什么东西的引导，便放任自流，而对理性也任其自行存在。情况往往是这样，如果说人的思维是习惯某些东西的话，那么它所习惯的不是寻找和推广真理，无论它如何辩解，它所习惯的都是维护习俗、传统、时尚、迷信和偏见。

人们在认识共同真理上出现谬误和分歧——不是因为人们的理

性不统一或者它不能揭示共同的真理，而是因为人们不相信理性。

假如人们相信自己的理性，就会找到这样一种方法，即，依照理性在他人身上的显示来检验其在自己身上如何显示。而找到了这种互相检验的方法之后，就可确信，理性在所有人身上都是同一的，人们也就会服从它的命令。（费·斯特拉霍夫[①]）

理性在所有人身上都是同一的。人们的交往，他们相互之间的影响，都是建立在理性基础上的。每一个人都必须完成他们的共同理性所提出的要求。

人有多真诚，便有多神圣；人在接受神圣不可侵犯的品质和不朽的生命的同时，也接受了真诚。（爱默生）

要记住，你的理智具有独立的生命，同时它也使你得到自由，如果你不使它卑躬屈膝来侍奉肉体的话。人的灵魂，如果由理智所启迪，并摆脱了玷污这个世界的种种情欲，它就是一座坚强的堡垒，而不是人类罪恶可靠的、坚不可摧的避难所。谁不懂得这一点，谁就是瞎子，而谁懂得了这一点，却不相信它，对这个人来说，这就是真正的不幸。（马可·奥勒利乌斯）

人的主要责任之一，是全力以赴，让我们天赋理性的光明本源放射光芒。（中国哲理）

[①] 费多尔·阿列克赛耶维奇·斯特拉霍夫（1861—1923），托尔斯泰思想上的同路人，著有若干哲学著作。

不知道眼睛能看到东西,并从来也没有睁开过眼睛的人,是非常可怜的。然而更为可怜的,是那不懂得他被赋予理性是为了平静地忍受各种苦难的人。我们靠着理性的帮助,能够顶得住所有的苦难。富有理性的人在生活中看不到不能忍受的苦难:对于他来说无所谓苦难。然而实际上,我们往往不是坚定地面对苦难,而是怯懦地尽量躲开它。上帝赋予了我们力量,使得我们不因出现了违背我们意愿的事而悲伤,我们不该为此而感到高兴吗?上帝使我们的灵魂只服从于依赖于我们自身的东西,我们不该为此而感激上帝吗?要知道,他既不让我们的灵魂服从于我们的父母、兄弟,也不让它服从于财富和我们的肉体,甚至死亡。他以其慈悲之心,只让我们的灵魂服从于依赖于我们的事物——即我们的理智。(爱比克泰德)

上帝赐予我们理性,以使我们献身于它。因此我们必须使理性保持纯洁,使它永远能够区分真理与谎言。

人只有置身于真理之中,才能获得自由。
而揭示真理的只有理性。

六 用理性来检验信仰的原则

当人运用理性来解决有关世界为什么存在及他本人为什么生在世上的问题时,总是会产生某种头晕脑涨的感觉。人的头脑是无法得出这些问题的答案的。这意味着什么呢?实际上人被赋予理性不是为了回答这些问题,而提出这些问题本身就意味着理性的谬误。理性解决的只是"怎样生活"的问题。回答是明确的:"要让我和所有人都生活得好。这是所有活着的人和我都需要的。这种可能性已赋予了所有活着的人,也通过我的天赋理性而赋予了我。"这个回答排除了所有的疑问:原因是什么和目的是什么?

"怎么,难道我们不对吗?必须使人民保持愚昧:瞧一瞧吧,他们是何等的愚钝和野蛮!"

不,人民愚钝和野蛮,乃是因为他们受到野蛮的欺骗。

因此,首先你们要停止野蛮地欺骗人民。

上帝作为我们信仰的对象,超出于我们的理智之上,我们无法用理性来解释他,即便如此,也不能说,我们就得把理性活动看作有害的东西而轻视它。

尽管信仰的对象毫无疑问处于我们的理智范围之外,高出于它,但理性在对信仰对象的关系上仍有着非常重要的意义,没有它我们就无所作为。它有如一个审查官在履行职责,它允许固定的,即形而上学的真理脱开信仰的领域而高于理性,同时又反对任何一种与理性相矛盾的臆想的真理。

但除了这种肯定性任务之外,理性所特有的否定性任务是,使人摆脱罪孽、邪念(为罪孽辩解)和迷信。(费·斯特拉霍夫)

要成为一盏灯,为自己照明。要成为一个避难所,为自己而准备。要始终燃亮你的灯,不要寻找另外的栖身地。(佛教

《经集》①)

"你们应当趁着有光,信奉这光,使你们成为光明之子。"(《约翰福音》12:36)

为了认识真正的宗教,不要像那些伪学说所教给的那样压抑自己的理性,而应当使它保持纯洁和紧张,用它来检验人们给你的一切。

如果你想洞悉包罗万象的我,首先需要了解你自己本身。为了了解你自己本身,你必须为了万物共有的我而牺牲自己的我。如果你想在灵魂中生活,就要牺牲自己的生活。要使自己的思想摆脱表面的事物和所有显示在外面的东西。努力使自己摆脱那些不断出现的神像,不要让它们在你的灵魂上投下阴影。

你的影子活着,并逐渐消亡。那在你内心永恒不灭的,那运用着理性的,将不属于匆匆而逝的生活。这永恒的就在你的心中,请走进这永恒的事物之中,它将对你揭示一切虚假的、一切真实的和一切你应当知道的东西。(婆罗门教哲理,引自《沉默的声音》)

---

①《经集》,最古老的佛教三藏经典之一,辑有偈颂、故事、谚语等。

12 苦难显现生活的意义

正如只有夜幕才能显示出天上的星辰,只有苦难才能显示出生活的真正意义。

一 我们所说的痛苦乃是生活的必要条件

我们把破坏我们肉体生活幸福的一切都称为恶。而实际上我们的全部生活只在于灵魂从构成肉体幸福的一切之中渐次解放。因此,对于按照真实存在去理解生活的人来说,并没有恶。

幸福对于人来说就是经受尘世的不幸,因为这会将人引入他心灵最圣洁的深处,在那里,他把自己视为一个被逐出家园的流放者,并负有委拒种种尘世快乐的责任。幸福在他看来就是当人们恶意地揣测他、议论他时,尽管他的意愿是纯洁的,行为是公正的,也要去面对反驳和责难,因为这样的行为方式既使他保持谦逊,也可作为对虚幻的荣耀的解毒剂。幸福即在于此,主要是因为,这样做我们可以与自己内心的见证者——上帝——交谈,在我们遭世人轻蔑、不被敬重并失去了爱时,与之交谈。(肯普的福玛①)

当阿西西的方济各冒着凄风冷雨和自己的门徒从佩鲁萨返回波齐昂古尔时,他对自己的门徒谈起怎样理解完美的快乐。他说,完美的快乐不在于因自己的善举而受到赞扬,不在于有能力使病人痊愈、还失聪者以听力、还失明者以视力,不在于能预见并预告未来,不在于获知星辰的运转及一切动植物的特

---

① 肯普的福玛(1380—1471),奥古斯丁僧团僧人,神秘主义哲学家。

性，甚至也不在于把所有人引入真正的信仰。"那什么是完美的快乐呢？"门徒问。"而在于，"方济各说，"是这样，当我们走到修道院，湿漉漉的，脏兮兮的，又冷又饿，把看门人敲起来，他问：你们是谁？我们就说我们是他的兄弟，而他听了说：撒谎——你们是流浪汉。你们只是四处游荡，蛊惑人心，窃取人们的施舍。滚开这儿，我不会放你们进来的。——就是在这种时候，我们浑身僵硬，又冷又饿，却以谦恭和爱心接受这些话，并对自己说，他是对的，看得出来，是上帝授意他这样对待我们的，只是在这种时候，我们才会领悟到完美的快乐。"

只要接受各种劳作和各种委屈，并以爱心去对待那给你施以劳作和委屈的人，种种劳作和种种委屈就会变成快乐。这就是完美的快乐，因为任何一种其他的快乐都会消失，而这种快乐无论如何不会消失，因为它永远由我们所掌握。

倘若某个神灵表示可为我们人类从生活中彻底解除各种忧伤以及造成忧伤的种种缘由，那么我们大概一下子就会堕入到接受这提议的巨大诱惑中去。当沉重的劳动和穷困压过来时，当病痛发作时，当焦虑挤压心胸时，则我们会感到，没有劳动、无忧无虑、安宁、富足而和平的生活没有什么不好。但我想，一旦我们尝试到这样的生活，很快就会请求这个神灵还回我们往昔那伴有种种劳动、穷困、忧伤和不安的生活。完全没有忧伤和惊恐的生活很快就会让我们觉得不仅乏味，而且难以忍受。要知道与导致忧伤的因素一起从生活中消失的，还有一切危险、障碍和挫折，与此同时还有奋力的紧张、冒险的热望和亢奋，以及胜利的欢乐。剩下的仅仅是，一个想法毫无艰难就可实现，

成功毫无阻碍就会到来。而我们对此很快就会厌倦,就如同玩一种我们事先早就知道次次会赢的游戏那样。(弗·保尔逊[①])

二 痛苦唤醒人的灵魂生活

人——就是肉体内的上帝灵魂。

在生命之初人并不知道这一点,他以为他的生活就在于他的肉体。但随着生活阅历的增长,他就越发认识到,他真正的生活——在于他的灵魂,而非肉体。人的全部生活就在于越来越清楚地认识这一点。肉体的痛苦比任何事物都让我们更容易、更确切地获得知识。由此看来,正是肉体的痛苦使我们的生活成为它本应成为的样子:灵魂的生活。

肉体的生长——对于灵魂的生长来说,这只是一个准备过程,它开始于肉体衰萎的时候。

人为了肉体而生活便会说:一切都很糟糕;人为了灵魂而生活则会说:不对,一切都很美好。那你称之为糟糕的,正是一块磨石,没有它,那最为宝贵的,即我体内的灵魂,就会变钝,生锈。

一切灾难——属于全人类和个人的——都会把人类和个人

[①] 弗里德里希·保尔逊(1846—1908),德国哲学家,主张泛神论。

（尽管道路曲折）一直引向那已为人们所设定的同一个目标：越来越鲜明的灵魂生活的起点，无论是每一个人心中的，还是属于全人类的。

"因为我从天上降下来，不是要按我的意志行事，而是要按那差我来的父的意志行事。这差我来的父的意志，即是让他所给予我的人，一个也不失掉。"《约翰福音》（6：38—39）中就是这样说的，意思是要把那所给予的、受托付的神性火花，像奶娘之于婴儿，在自己内心保存、使之生长，引导其达于最高的可能。怎样才能做到这一点呢？不是淫欲的满足，不是世俗的荣耀，不是安宁的生活，相反，是节制，谦逊，劳动，斗争——贫困，痛苦，屈辱，压抑，即在福音书中多次提到的那些。我们所需要的，正是这些以各种迥然不同的形式、程度或大或小的、分派给我们的东西。只要我们善于以应有的方式接受这些，将其视为我们所必需的、因而也是令人快乐的劳作，而不是将其视为某种令人沮丧的、破坏我们肉体存在的东西，那我们就会认为，这就是生活，而强化这种生活则将被我们视为幸福！

"即使人能够不惧怕死亡，不去想它——但就他所遇到的那些可怕的、无缘由的苦难，那些莫名其妙的、无论何时都无法预知的苦难，也足以破坏任何一种所谓生命的理性意义。"人们说。

我正忙着做无疑是有益于他人的善事，而突然会被疾病所侵袭，我所做的事会中断，我便会受到毫无道理、毫无意义的折磨。铁轨上的螺钉被锈蚀坏了,就在它脱落的那一天,有一列火车通过,在一个车厢里乘坐着一位善良的母亲,她就亲眼目睹了她的孩子死于车祸。就在里斯本或韦尔内①所在的地方发生了地震,城市被毁坏,活生生的人被埋在废墟中,无辜的人们在难以言状的痛苦中死去。除此之外,还有成千上万的类似突如其来的可怕事件,以及给人以巨大伤害的灾难,都是为了什么而发生的呢?这些事件究竟有什么意义呢?

对此的回答就是,对于那些不承认灵魂生命的人来说,上述说法是完全合理的。在这些人看来,人的生活的确毫无意义。但问题在于,那些不承认灵魂生命的人的生活,无法不成为毫无意义的和灾难性的。要知道,只要那些不承认灵魂生命的人仅由肉体的世界观便得出这种必然的结论,则那些把自己的生命只理解为个人肉体存在的人,就一分钟也活不下去了。比如说,一个雇主在招募雇工时,每次都申明保留权力,只要他愿意,他就可以把雇工在慢火上活活地烤死,或者剥他们的皮,抽他们的筋,总之可以不加解释、毫无理由地当着雇工的面行使这些恐怖手段,捉弄这些雇工,那么,没有一个人肯和这个主人一起生活。假如人们确实完全像他们所说的那样去理解生活,就是说,把生活仅理解为肉体的存在,那么由于他们看到周围存在着痛苦的、无论如何也无法解释的灾难,而每时每刻这些灾难都可能落到他们头上,那么仅仅出于这种恐惧,他们一个也不会留在这世上生活。

然而人们还是活着,抱怨着,为苦难哭泣着,继续活下去。

---

① 韦尔内,哈萨克斯坦首都阿拉木图市在1921年以前的称呼。

对这种奇怪的矛盾现象只有一个解释：人们在灵魂深处都知道，他们的生活不在于肉体，而在于灵魂，所有的苦难对于灵魂生活的幸福来说，都是必不可少的。在人们看不到人生的意义，为苦难而愤怒的时候，他们仍然要活下去，这原因就是，他们脑子里相信生活是肉体的，而在灵魂深处却知道，生活是灵魂的，任何苦难都不能剥夺人的真正的幸福。

三 苦难教会人们理智地对待生活

所有我们称之为恶的东西，所有令人悲伤的事，只要我们认识到这些都是必不可少的，我们的灵魂就会因此而获益。生活的全部任务就在于这个获益的过程。

"我实实在在地告诉你们：你们将要痛哭、哀号，而世人却要兴高采烈；你们将要忧愁，然而你们的忧愁将变为欢乐。妇人生产的时候就要忍受苦痛，因为她的时候到了；但既然生了孩子，就高兴得记不得那苦痛，因为世上降生了一个人。"（《约翰福音》16：20—21）

失去理性的生活中的苦难，使人意识到理性生活的必要。

正如只有夜幕才能显示出天上的星辰，只有苦难才能显示出生活的真正意义。（梭罗）

外在的阻碍对于具有强大灵魂的人构不成危害，因为危害是指所有造成变形和削弱的情况——如常常在动物身上发生的那样，阻碍或者使之变得凶恶，或者使之变得软弱；而对那靠着天赋灵魂的强大力量面对阻碍的人来说，每一种阻碍只会增加其道德的完美和力量。（马可·奥勒利乌斯）

涉世未深的年轻人，不懂得老年人靠经验所得到的东西，不懂得所有令我们厌恶和痛苦的事和所有被称为忧伤的东西，而这些才是真正的善，只有这些才能检查和考验，我们对自己所知道并信奉的事物是否信心坚定。如果我们的信心不坚定，那么为了使我们变得坚定起来，这些检查和考验就是必不可少的。

只有体验了痛苦，我才能深切地认识到人类灵魂的同一性。一旦自己饱经苦难，你就能理解那所有经受苦难的人了。此外，你的头脑会更加清醒：对此前你一无所知的人们的状况和活动，你就能清楚地了解，于是你就可以发现，是谁要求你这样做的。上帝是伟大的，他使我们变得聪明起来。他靠得是什么呢？就是忧伤，我们要逃避并试图掩盖的忧伤。痛苦和忧伤使我们可以获得从书本上得不到的那一部分智慧。（果戈理）

假如上帝派给了我们一些老师，我们也确切地知道，他们是上帝亲自派来的，那么我们自然就会很痛快地听从他们。
我们也确实有这样的老师：这就是贫困和生活中所有不幸的事件。（帕斯卡）

对任何一种创造来说，有益的不仅是被神明所赐给的一

切，而且是赐给这一切的过程本身。（马可·奥勒利乌斯）

觉悟不到苦难的益处的人，还没有开始理性的生活，也即真正的生活。

我对上帝祈祷，求他免除那些折磨着我的痛苦。而这痛苦是上帝派给我的，为的是使我摆脱恶。主人为了把牲畜赶出起火的棚子，为了救它，便用鞭子抽打它，而牲畜却祈祷别用鞭子抽打它。

那些我们从自己的观点出发认为是恶的东西，大多是我们还没有认清的善。

四 疾病不是妨碍，而是激励人真正的生命

生活仅在于把自己动物性的东西一步一步地转向灵魂。要做到这一点，那些被我们称之为恶的东西是必不可少的。只有从我们称之为恶的东西，从灾祸、疾病、痛苦中我们才能学会如何把动物的我转变为灵魂的我。

我们大家都知道，那些在生活中总是一帆风顺、总是健康而富有、从未受到欺侮和屈辱的人，是多么的脆弱，他们往往过得并不轻松，由此可见，各种考验对于人来说是不可或缺的。然而当我们必须要经受这些考验时，我们却总是牢骚满腹。

我们说，痛苦就是恶，而假如没有痛苦，人就不知道，他

在哪里结束,而那个"非他"从哪里开始。

当我们感到肉体越来越衰弱的时候,我们的灵魂就会越来越强大。(露西·马洛丽)

没有哪种疾病会妨碍人履行他的义务。你不能以劳动为他人服务,但要以充满爱心的忍耐为他人树立榜样。

疾病会侵袭每一个人,人尽力要做的不是治愈疾病,而是如何在他所遭遇的情况下以最佳的方式生活。

有一个故事说,一个人因犯了许多罪孽而被惩罚,这个惩罚就是无法死去;可以肯定地说,假如人受到的惩罚是得不到痛苦,那么这种惩罚也是同样严厉的。

对病人隐瞒他可能因这种病而死去的真相,这样做是不好的。相反,应当提醒病人想到这一点。如果我们对他隐瞒了病情,就剥夺了他的一种幸福,这种幸福是疾病带给他的,因为疾病使他意识到死亡的临近,从而唤起他对灵魂生命的努力觉悟。

火既可毁坏东西,也可供人取暖。疾病也是这样。一个健康的人一心想过上好的生活,就会为这个目标而付出努力。而当你疾病缠身时,立刻就脱卸了种种世俗诱惑的重负,立刻就变得轻松了,甚至你会害怕去想——凭着经验你也知道,一旦病痛消失,这种重负又会再次沉重地压到你的肩上。

人肉体的境况越差,他灵魂的境况越好。由此看来人的生活是不可能变坏的。

灵魂与肉体——正像一个天平的两端:肉体的一端越沉重,灵魂的一端抬得越高,即灵魂的境况越好,反之亦然。

"年老体衰,脑筋糊涂,就是人的意识和生命的完结。"人们常这样说。

我想象着传说中使徒约翰老糊涂时的样子。据传说,他嘴上总挂着一句话:兄弟们,要彼此相爱呀!

一个步履蹒跚的百岁老人,睁着一双泪水模糊的老眼,嘴里翻来覆去只唠叨着几个字:要彼此相爱呀!在这样的人身上,动物的生命只露着些许的微光,它已被对世界的新的态度,被人的肉体生命中不存在的、充满活力的新生命所吞蚀掉了。

生活就在于它所实际存在的事物——对于理解了这一点的人来说,在患病和衰老时总是谈论自己生命的枯萎,并为此而哀伤,就等于说,一个走向光明的人因光明渐近、自己的身影渐小而哀伤。

五 我们所说的恶,就是我们所犯的错误

每当我们遇到令人不快的事时,我们在大多数情况下都是怪罪别人或者命运。而不去想,如果人或者命运能够使我们的处境变坏,这只是说明,在我们自身有某些方面出了问题。对那为灵魂而生的人来说,任何人,任何事,都不能给他以坏的

影响：在这样的人看来，压制、屈辱、贫穷、疾病，都不是恶。（据爱比克泰德）

有些人与世上的生活隔绝，从而看不到自己给世人造成痛苦的罪孽，因此总认为自己是清白无辜的，这样的人每遇到苦难，便会感到格外的痛苦。

恶就在我们心中，即在那能够取出恶的地方。

思想浅薄的人常常为那些沉重压迫着人类的不幸而忧虑，便会丧失对改善生活的可能性的希望，并产生对制约着世界秩序的天命的不满。这是一个大错误。为了在艰难的生活中不失去勇气，更主要的，是为了不把一切都归罪于命运，不放过我们自己的过错（这种过错是一切恶的唯一根源），最大限度地对天命保持满意（尽管它已经为我们现在的尘世生活选定了一条最艰辛的道路），是十分重要的。（据康德）

有些人在时运不济的时候不是责备自己，而是抱怨命运，并以此来肯定自己的自负心理，这种人将是无可救药的。

"如果不是有人激怒了我们，我们会善良而温顺的；如果不是这么忙，我们会保持虔诚信仰的。如果我身体好的话，我会忍让的；如果我有名望的话，我会做出惊天动地的事业的。"

如果我们不能在目前所处的境况下做到善良和虔诚，那么也就无法在别的境况下做到善良和虔诚了。

我们之所以被赋予艰难的处境，是为了让我们以善心和毅力来克服和消除困难；我们之所以被赋予黑暗的处境，是为了让我们用内在灵魂的劳动点燃神圣之光，以照亮黑暗；苦难——是为了让我们坚忍不拔、充满信心地忍受它；艰险——是为了让我们显示我们的勇气；诱惑——是为了让我们以信仰来战胜它。（马蒂诺）

人可以摆脱上帝派给他的苦难，但对他用自己恶劣的生活造成的苦难，却无法拯救。

六 觉悟到苦难的益处，苦难便不再沉重

当一切都离我们而去：健康、喜悦、留恋、新奇的情感、记忆、劳动能力——当我们觉得太阳已变得凄冷，而生活仿佛已失去所有美感，到那时，我们该怎么办呢？当生活已毫无希望可言的时候，那是怎样的景象呢？是昏昏沉沉，还是麻木不仁？对此答案只有一个：以灵魂生命为生，不断地成长壮大。只要你感到良心的宁静，只要你感到，你所做的乃是你的灵魂生命所要求做的，一切便随它去吧。做你所应当做的——其他的都是上帝的事。甚至即使不存在神圣而善良的上帝，灵魂生命仍旧是解开奥秘的谜底，而对于不断前进的人类来说，它就是指路的北斗，因为只有它才能给人以真正的幸福。（阿米尔）

为了灵魂的成长，在苦难之中寻找苦难的意义，就会消除苦难带来的痛苦。

应该懂得并相信，在你身上所发生的一切，都会把你引向真正的灵魂的幸福，你会遇到疾病、穷困、屈辱——这一切被人们视为灾殃的东西，并不是灾殃，而是对幸福必不可少的东西，就像种田人被雨淋湿了，但他是把雨水看作种田所必需的，也像对病人来说是良药苦口一样。

要记住，理性生命最鲜明的特征是，自然地听凭命运的驱使，而不是动物所特有的无耻争斗。（马可·奥勒利乌斯）

那令我们痛苦，被我们认为妨碍完成生活任务的事，其本身就是我们的生活的任务。穷困、疾病、谤毁、屈辱不断折磨着你。只要你对自己抱有怜惜之意，你就会觉得你是不幸者之中最不幸的了。然而一旦你明白，你在生活中肩负的使命就是，在穷困、病痛、屈辱中保持良好的生活状态，你的苦闷和失望立刻就会消失，你就会感到精神振奋，信心倍增。

每个人都背负着自己的十字架，这并不意味着他肩负着重担，而是意味着他肩负着人生的使命，如果我们不是把这个十字架视为沉重的负担，而是视为人生的使命，则我们背负着它就会轻松自如；当我们的心灵温顺、谦恭、平和的时候，我们背负着它就是轻松的。而当我们舍弃自我的时候，就会感到更加轻松；而当我们像基督教导的那样，每时每刻都背负着这个十字架时，还会感到更加轻松；而更加更加轻松的，是当我们像世人在世俗的劳作中忘掉自己那样，而在灵魂的劳作中忘却自我的时候。这个被派给我们的十字架，就是我们必须为之而劳作的事物。我们的一生都在于这种劳作。如果这个十字架就是病痛，那么就要驯服地背负着它；如果是别人的欺侮，就要能做到以善报恶；如果是屈辱，就保持谦恭；如果是死亡，就以感激之情去接受它。

越想推掉肩上的十字架，它就变得越发沉重。（阿米尔）

不管命运实际上是什么样的，毫无疑问，更重要的是人如何看待它。（洪堡[①]）

最大的苦难莫过于畏惧苦难。（乔凯[②]）

你把一匹劣马套上车，它不安地折腾自己，弄得疼痛不堪，被鞭子狠命地抽打，这时，你即使不让它走，它也会拉着车走的。当一个人不愿经受苦难的考验，把苦难视为多余的恶而加以抗拒时，那情形也是如此。

如果你有仇敌，而你却善于利用这件事以学会如何爱仇敌，则被你视为恶的东西就会成为你最大的幸福。

疾病，肢体伤残，绝望，失去财产，失去朋友，乍一看起来，这些都是无可挽回的损失。但岁月会揭示出深藏在这些损失之中的治愈伤痛的力量。（爱默生）

[①] 卡尔·威尔海姆·洪堡（1767—1835），德国哲学家，语言学家，政治活动家。
[②] 约翰·亨利·乔凯（1771—1848），瑞士德语作家。

当你感觉自己不幸的时候,要想一想别人的不幸,想一想你的处境也许还没到更糟的地步。还要想一想,你过去和现在都有哪些过错;而最重要的是,要记住,你所说的不幸之所以派给你,是为了使你接受考验,为了使你学会谦恭而满怀爱心地忍受不幸,为了使你仰赖这不幸而生活得更美好。而你生活的任务,正是为了使生活变得更美好。

在你沉疴未起的时候,比起其他任何时候都更需要某些损伤和磨难,也需要祈祷——但不是求告免除灾难,而是承认自己对最高意志的依赖。"那将存在的不是我的意志,而是你的,不是我所愿的,而是你所愿的,将是你所愿的样子,而不是我所愿的样子。我的任务就是在你给我设的条件下,完成你的意志。"在艰苦的时候首先要记住,如果你感到困难,那么这个困难既是我注定要遭遇的,同时也是一个不可多得的机会,我可以借机表明,我确实想完成的不是我的意志,而是他的意志。

人类所有伟大的创举,都是在艰难困苦的条件下完成的。耶稣知道,他所面临的必然是这种情况,他一切都预见到了:被他破除了权威的那些人的仇恨,他们的密谋,他们的暴力,被他医治好病痛,并受到他以神圣教诲的食粮哺育的民众对他忘恩负义的背叛;他预见到了十字架,死亡和比死亡更令人痛心的自己人的背弃。这些想法一直伴随着他,但这一刻也没有阻止他。如果他肉体的天性推开了"这一杯苦酒",那更为强大的意志毫不犹豫地就会把它接过去。正是这样,他为所有继续他的事业的人,为所有像他一样努力劳动以拯救他人,将其从谬误和邪恶的重负下解放出来的人，树立了一个值得永志不忘的榜样。如果人们想要达到基督引导他们奔赴的目的，就必须也要走这样的道路。为他人服务只能付出这样的代价。你们想要人们成为真正的弟兄，你们呼唤他们遵守其共同天性的法则，你们与每一种压迫、每一种违法行为、每一种伪善进行着斗争；你们呼唤正义、职责、真理和爱的王国降临人间——那些敌视你们的力量怎能不起来反对你们呢？难道他们会放弃斗争，任凭你们捣毁他们的神殿，来建造另外的，不是他们那样的——而是非人工所能的——建立在真理基石上的永恒的殿堂吗？

如果你们曾经是肤浅的，曾经怀抱着希望，那么请放弃这种希望吧。你们要把这杯苦酒的最后一滴饮尽。人们会像对待小偷一样抓你们；会寻找种种假证据来攻击你们，而当你们要为自己作证的时候，便会听到一片叫喊声：他在亵渎神明！那些法官们会说：应当处死他。当发生这种事情的时候，你们要感到高兴：这是最后的证明——证明你们所做的是真正必要的事业。（拉门奈[①]）

[①] 拉门奈（1782—1854），法国政论家，宗教哲学家，基督教社会主义创始人之一。

12 | 死亡

你要是怕死的话,那么想一想,假如你必须永远像你现在这样生活下去的话,你会感觉怎么样?

一 人的生命并不因肉体的死亡而终止

如果人认为生命就在于肉体,那么他的生命就将以肉体的死亡而告终。而如果人认为生命在于灵魂,那么他甚至无法想象自己生命的终结。

人的整个一生,从诞生到死亡,与生命中的一天从醒来到睡下很相像。

请想一下,当你早晨从沉沉的睡梦中醒来,一开始你没弄清自己待在哪儿,没明白是谁站在你身旁,是谁叫醒了你,你不想起床,觉得浑身无力。但渐渐地你就会清醒过来,开始明白了你是谁,你在哪儿,活动也自如了,脑子里开始想事情,起床,做起事来。人生也完全如此,或者十分相像,他诞生了,一步一步地走进生活,有了力气和智慧,便开始了工作。

这之间的不同只是,人睡着和醒来的过程只发生在短短一个早晨,而人的诞生和成长则是发生在许多岁月期间。

接下来生命中一天中的情形和人的整个一生的过程也是相像的。一个人醒来之后,便工作,操劳,越来越有精神,但工作到中午时——便会感到不像上午那样劲头十足了。而到晚上的时候,就越发感到疲惫,想要休息了。人的整个一生也完全如此。

人在青年时代精神振奋,生活得很快活,但在人生的中途则没有这种劲头了,而到老年的时候已经感到了疲惫,越来越想休息了。正如过了白天就是黑夜,人躺下休息,他头脑里的思绪开始混乱起来,当他睡熟了,进入另一片天地,便对自己无所知觉了——人在死去的时候也正是如此。

由此看来,人从睡梦中醒来——就是一次小型的诞生,从早晨到夜晚的一天——就是一次小型的生命,而睡梦——就是一次小型的死亡。

我们知道,当雷声传来的时候,闪电早已击发过去了,因此雷声不会伤害人,但我们仍然总是在雷声轰鸣的时候发出颤抖。人对死亡也是如此。在不理解人生意义的人看来,死亡便意味着一切的毁灭,他是那样惧怕它,躲避它,就像一个蠢人躲避雷声一样,其实那时这种轰鸣早已不能伤害到他了。

一个人慢慢地从我能看到的一个地方走到另一个地方,直到我再也看不到他,而另一个人在走过这个地方时步伐很快,但我并不因此而认为,那个走得慢的人比那个走得快的人活得更长久。我只知道一点——我知道,如果我看到一个人不论是走得快还是慢——反正都是从窗前走过,我知道,在我看到这两个人之前,他们都是存在的,而在此之后也同样都将存在。那些在死之前我认识的人,不管他们的生命是长还是短,他们的生命与上述这两个人的情形是同样的。

不可从某些人那里接受有关永生的信仰,不可迫使自己相信永生的想法。要想确立对永生的信仰,只有把自己的生命理解为它是可以永生的。

死亡——不过是与我们的灵魂相连的那层外壳的转换。不应把这层外壳与外壳里所包含的内容混为一谈。

要记住，你不是静止的，而是运动的，你不是在屋子里，而是坐在一节把你载向死亡的列车上。要记住，你的肉体只能生活于一个过程，或者生活到一个终点，而只有灵魂在你身上是永生的。

尽管我不能肯定地证明，但我还是知道，存在于我身上的那个理性的、自由的、非肉体的本源，是不会死亡的。

如果我认为灵魂是不朽的，哪怕我是错的，我也会感到幸福，并对自己的错误感到满意；只要我还活着，任何一个人都无法夺走我的这个信念。这个信念给了我以宁静和充分的满足。
（西塞罗）

二 真正的生命是超乎于时间之外的，因此对于真正的生命来说无所谓未来

死亡就是与尘世紧密相连的那些器官的毁坏，是这些器官给了我们时间的概念。因此，在谈到死亡时所谓"未来"的问题是不存在的。

时间掩盖了死亡。只要你生活在时间之中，你就无法想象

它的终止。

为什么死亡的概念没有形成它本可以形成的影响，其原因就在于，我们就天性来说，作为一种积极向上的生命，在现时中完全不必去考虑死亡。（康德）

死后的生命是否存在，这个问题就是说，时间是我们受肉体限制的思维能力的产物，还是所有存在物的必要条件？

时间不可能是所有存在物的必要条件，这种说法的根据是，我们在自身感觉到了某种不依赖于时间的东西：存在于现时的生命。因此，死后的生命是否存在的问题，其实就是说，在下面两者之中哪一个是合乎实际的：是我们的时间观念，还是对生命存在于现时之中的觉悟。

如果人认为自己的生命在于现时，则对于他来说，无所谓来生的问题。

三 在以灵魂生命为生的人看来，死亡并不可怕

死亡能如此轻易地使人摆脱所有的艰辛与苦难，那些不相信永生的人就应当盼望着死亡。而那些相信永生、期待着新生活的人，就更应当盼望死亡。可是为什么大多数人还是不希望死呢？因为大多数人过的是肉体的生活，而不是灵魂的生活。

只有当人把自己肉体的、动物的生存法则视为自己的生活法则时，痛苦与死亡才会被他看作是不幸。只有当一个人把自己降格为动物的时候，痛苦与死亡对于他来说才变得十分可怕。痛苦与死亡，就像驱赶鸟雀的稻草人，在周围发出哄叫，把他赶入唯一敞开的、服从于理性法则的、在爱中展现出来的人生之路。痛苦与死亡只是人对自我生活法则的背离。假如一个人完全过着灵魂的生活，对于他来说就不存在什么痛苦，什么死亡。

有一群铁镣加身的人。他们都被判处死刑，每天其中都有几个人被当众处死。那些留下来的人目睹了这些死刑场面，都知道要轮到自己了，心中惶悚不安。如果人们不理解自己生命意义的话，其生活就像这些死刑犯一样。而如果一个人理解到，上帝的灵魂就存在于他的身上，并能够与之合为一体，那么对于这个人来说，不仅是死亡不值得害怕的问题，而是根本不存在死亡。

害怕死亡——就等于害怕幻影，害怕一个根本不存在的东西。

我喜欢自己的花园，喜欢读书，喜欢爱抚孩子。当我要死去的时候，我将失去这一切，因此我不想死，我害怕死。

可能有这样的情况，即我的一生都是由这类世俗的欲望以及满足这些欲望所组成的。如果是这样，那么我就不能不害怕，这些欲望的满足所带来的快乐总有一天会终止。但如果我的这些欲望发生了变化，而代之以另一种欲望，即，完成上帝的意志，以我现在的样子，并且以我所有可能有的样子献身于上帝，那么我的肉体的欲望被灵魂的欲望取代得越多，死亡对我来说就越不可怕。而如果我的世俗欲望完全被一种欲望所代替——即献身于上帝，则在我看来，除了生命之外，不存在任何别的东西，包括死亡。

以永恒的代替尘世的、暂时的，这就是生活之路，幸福之路。

对于为灵魂而生的人来说，肉体的毁灭只是一种解脱，而痛苦——则是这种解脱的必要条件。但是，一个把自己的生命归于肉体的人，当他看到，他生活的唯一指靠——他的肉体即将毁灭，以及同时而来的种种痛苦的时候，他的处境将是怎样的啊？！

动物将死的时候，不会预见到死，所以也不会因害怕死而感到痛苦。但为什么人却被赋予了预见到自己即将终结的能力，并因此而感到十分可怕，有时他的心灵经受着剧烈的痛苦，以至因对死的恐惧而导致自杀，这是为什么呢？我说不出原因是什么，但我知道这是为什么：是为了让有觉悟有理性的人把自己的生命由肉体转向灵魂。这种转变不仅会消除对死亡的恐惧，而且会使人产生一种对死亡的期待，类似于游子回家的感情。

生活与死亡没有任何共同之处。因此，在我们身上大概总会反复出现一种不合情理的希望，这种希望遮暗了人的理性，使人怀疑我们是否确切地知道死是不可避免的。肉体的生命总是极力要坚持存在下去。它就像寓言中的鹦鹉那样，直到断气

的那一刻，还在不停地说着："这，这没什么！"（阿米尔）

肉体——是限制着灵魂的围墙，它妨碍着灵魂的自由。灵魂不断地要冲出这道围墙，一个有理性的人一生就在于冲出这道围墙，将灵魂从肉体的束缚中解放出来。死亡是彻底的解放。因此死亡不仅并不可怕，而且对于过着真正生活的人来说，死亡是令人高兴的。

人，像动物一样，是抗拒死亡的，但凭借着理性，人在任何时候都不仅能以顺从，而且能以赞同的态度来代替这种抗拒情绪。

如果死是可怕的，那么原因不在于死，而在于我们自身。人生活得越好，越不怕死。

对于圣人来说，没有死亡。

你要是怕死的话，那么想一想，假如你必须永远像你现在这样生活下去的话，你会感觉怎么样？

不论盼望死亡，还是惧怕死亡，都是不合情理的。

一个人从一场致命的病患中痊愈，重新开始了生活，这就好比一辆重载车，必须要通过一片泥沼，但它不是向对岸走过去，而是向后拖回来。遇到泥沼是不可回避过去的。

理性的生活，就好像一个人在身前远远地打着一盏灯笼，来照亮道路。这个人永远也走不到那片被照亮的地方的尽头——被照亮的这片地方总是走在他的前面。理性的生活就是这样，只有在这样的生活中才不存在死亡，因为这盏灯笼将持续不断地闪亮到最后的一刻，你跟随着它，泰然自若，并且在你整个的生命过程中都是如此。

死亡可以成为一种约定，因而可以说是道德的行为。动物的死是断气，而人则是献身于上帝。（阿米尔）

四 人必须要以存在于他身上的那不朽的生命为生

儿子总是住在父亲的家里，而帮工在家里只是暂时的。所以儿子跟帮工的态度不一样，他要事事关心父亲的这个家，而不是像帮工那样，想的只是拿到自己的报酬。如果人相信他的生命不是以死亡而告结束，则他就会像住在父亲家里的儿子那样生活。但如果生活就像现在在世上的这个样子，那么他就会像帮工那样做，加紧享受在这种生活中所能得到的一切。

每个人都必须首先解决一个问题，他是主人的儿子还是帮工，随着肉体的死亡他是彻底死去，还是并不会彻底死去。当人一旦明白，在他的身上既存在着死亡的，也存在着永生的事物，那么无疑，他就会在这种生活中更多地关心那永生的，而冷淡那死亡的——也就将像主人的儿子，而不是像雇工那样地生活。

人只有在自己的意识中确立一种不受现世生活局限的新型世界观，才会坚定对未来生活的信念。

我们的生命是否以肉体的死亡而告结束，这个问题极为重要，不可不好好考虑。这要看我们是相信永生，还是不相信永生，要看我们的行为是富有理性的，还是毫无意义的。

因此我们主要关心的应该是解决这样一个问题，即当肉体死亡的时候，我们是否已彻底死去，如果不是，就是说在我们身上存在着永生。而当我们明白，在我们身上既存在着必死的，也存在着永生的事物，那么无疑，我们就会在这种生活中更多地关心那永生的，而冷淡那必死的事物。

有一个声音告诉我们，我们是永生的，这个声音就是活在我们心中的上帝的声音。（据帕斯卡）

经验告诉我们，有许多人，他们懂得有关死后生命的教义，坚信这种生命是存在的，然而他们仍旧沉湎于淫逸之中，做着各种卑鄙的勾当，并且狡猾地逃避因其行为导致的危及自身的后果。与此同时，在地球上未必有过哪一个道德完美的人，他能够容忍一切都以死亡而告结束的思想，而他高尚的思想形态却达不到寄希望于未来生命的高度。因此，在我看来，把对未来生命的信仰重新确立在高尚的精神感觉之上，比起反过来把高尚的行为建立在对未来生命的希望上，更为符合于人的天性和道德的纯洁。（康德）

有一点我们确信无疑，这就是，死亡在等待着我们。"人的生命就好像一只飞过屋顶的燕子。我们不知从何而来，也不知走向何处。凝重的黑暗已在身后，浓密的阴影还在前面。当那个时刻一旦到来，不论我们是否曾吃过种种美味的食物，是否穿过轻暖的衣服，不论是留下大宗财产，还是一文不名，不论是赢得过顶顶桂冠，还是曾被人歧视，是被誉为学者还是被贬为白痴——比起我们曾运用过主赋予我们的才能来说，这些都有什么意义呢？

当我们两眼昏花，双耳失聪的时候，这一切对于我们来说还有什么价值呢？要想在这样的时候保持平静的心态，我们只有继续珍惜我们被赋予的灵魂生命能力，并且使它发扬光大，靠着这种能力，肉体的死亡将不再可怕。（亨利·乔治）

在一个墨西哥皇帝的遗言中有这样的话：

"大地上的一切都有它的极限，而最强大和最快乐的就是在它的强大和快乐中衰败，归于尘土。整个地球——只是一个巨大的坟墓，在它的表面之上一无所有，在坟墓的地下也无所隐藏。水、河流和山洪都奔向它们的目的地，却不能返回那幸福的源泉。它们都奔腾向前，为的是葬身于浩瀚无边的大洋深处。昨天有的，今天已不复存在；而今天有的，明天将不复存在。墓穴中已填满尸骸，这些尸骸曾经是活生生的生命，曾作为皇帝，统治人民，主持大会，指挥军队，攻占新的领土，曾令人顶礼膜拜，曾为他们的虚荣、奢华和威势而傲视天下。

"但荣耀正如火山中喷出的一股青烟，早已散去，除了在编年史家的纸上留下点点记忆之外，一无所余。

"那伟大的，智慧的，勇猛的，美丽的——呜呼！——他们如今安在哉？他们都已混入泥土，连同他们曾得到的，我们正得到的和我们之后的那些人将得到的。

"但要鼓起勇气啊，你们——声名显赫的首领，真诚的朋友，还有忠贞的臣民——让我们奔向那永恒的、既无腐朽也无灭亡的天堂吧。

"黑暗——是阳光的摇篮，而繁星的闪光才需要夜幕的衬托。"（特斯科科的内萨瓦尔科约特尔，约公元前1460年①）

正如降生对于所有濒死者是必不可少的一样，死亡对于降生者也是不可避免的。因此，不必为那不可避免的事而悲伤。各种生命以前的情况已无人知晓，中期的情况显而易见，未来的情况则无从得知——那么有什么可关心和忧虑的呢？有些人把灵魂看作一种奇迹，而有些人在听到或谈到灵魂时则惊讶不已，但我们任何人都对它一无所知。

天界之门正如你所需要的那样，为你打开着。请你从忧虑和惶恐中解脱出来，使你的灵魂归于灵魂之所。让你的一举一动由你自己支配，而不是因事件的变化而变化。不要做这样的人，即把奖赏作为自己行事的目的。而要注意，履行自己的义务，但不考虑其结果如何，以便无论事情的结局是否如你所愿，你都坦然接受。（印度《薄伽梵歌》②）

你若想摆脱罪孽，生活就会通过削弱你的肉体及其种种欲

---

① 此处托氏标年有误。内萨瓦尔科约特尔（1402—1472），墨西哥古城特斯科科的首领，诗人。
② 《薄伽梵歌》，印度史诗《摩诃婆罗多》第六篇的一部分，包括七百多首诗偈。

望来帮助你。由于这个原因,人总是不自觉地想要前进——走出肉体,走出孤独。一旦把生活理解为摆脱罪孽——那么疾病,衰老,各种肉体的苦难,以及死亡,就都将是福。

你的肉体衰弱,老朽,死去了;而你的灵魂就强壮,成长,诞生了。

我们现在的处境就像一艘巨轮上的乘客,在船长的手里有一张我们不了解的名单,上面列着谁在什么时候要下船登岸。在我们还没有离船的时候,我们只有按照船上制定的规矩,而不能按别的方式去做,同样,在这个世界上,我们也只能在为我们规定的时间内,尽力与同伴们保持和谐与友爱。

难道你害怕变革吗?要知道没有变革,什么也干不成。没有木柴发生的变化,水就不会烧开。没有食物的转化,人就不能得到营养。世上的全部生活就是变革,而不是别的。要明白,等待着你的变化也具有同样的意义,就事物的本质来说,变化是必不可少的。要关心的只有一样,即,不要做违背人真正天性的事,而应当按照这天性所指示的时间和方式去做一切事。
(马可·奥勒利乌斯)

这是个可怕的世界,如果世上的痛苦不能产生善。这是一种罪恶的制度,它只是为在精神和肉体上折磨众生而设。如果是这样的话,那么这个世界就不是为了未来的善,而是闲来无事、毫无目的地创造了恶,这个世界道德败坏的情景就将难以想象。它似乎是故意把人们诱来,只是为了使他们痛苦。它从我们出生起就鞭打着我们,它在每一杯幸福之酒中都掺进苦涩,使死亡成为一种永远的可怕的威胁。当然,如果没有上帝和永生,人们对生活表示厌恶就不难理解了:唤起这种厌恶情绪的根源就是现存的秩序,或者更准确地说,是无秩序——是可怕的道德混乱,这个说法更恰如其分。

但如果我们的头上有了上帝,我们的面前展现出永恒,则一切都会改变。我们就会在恶中看到善,在黑暗中看到光明,希望就会赶走颓丧。

这两种预设哪一种更可信呢?对于这些道德生命——人——来说,既然他们面前就摆着解决矛盾的出路,难道对这个世界的现存秩序发出正义的诅咒吗?如果没有上帝和来生,他们应该诅咒的是这个世界和自己的生日。相反,如果上帝和来生都存在,生活本身就会变成一种幸福,而世界就会变成一个道德完善和幸福与神性无限增长的地方。(据伊拉斯谟[①])

帕斯卡说,假如我们总是梦见自己处于同一种境况之中,而在现实中看到的却是种种不同的境况,则我们就会把梦境当作现实,而把现实当作梦境。这还不完全正确。现实区别于梦境的是,在现实生活中,我们拥有按照我们的道德要求行事的能力;而在梦境中我们常常看到,我们表现出一些并非我们固有的丑恶而卑劣的行为,自己却无法控制。所以,也许应当说,假如我们不懂得,在生活中我们本可以比梦境中更多地拥有满足道德要求的权力,则我们就会把梦境完全当成生活,并且从

---

① 伊拉斯谟(1469—1536),荷兰文艺复兴时期的人文主义作家,著有《愚人颂》。

不怀疑它并不是真正的生活。如今我们的一生,从生到死都充满着梦幻,这不就是个梦吗?我们把它当成现实,当成现实的生活,对它的现实性毫不怀疑,这只是因为我们不懂得生活,在这种生活中,我们遵循灵魂中道德要求的自由,本可以比起我们如今所拥有的更多。

如果这个不起眼的生命碎块,就是你的一切,那么注意,你就应当用它来做一切你所能做的事。(赛义德-本-哈迈德[①])

"要是不知道以后是什么样,我们怎么生活呢?"——人们说。然而当你在生活中并不去想以后你会怎样,而只是为了显示你的爱心时,这就是你真正的生活的开始。

人们常常说:"我不必做什么事了,我就要死了。"因为要死而觉得不必再做的事,其实当初也不必去做。然而有一件事却总是需要做的,离死亡越近,就越需要去做:这就是灵魂的事。这件事就是要改善自己的灵魂。

爱不仅能消除死亡的恐惧,还能消除有关死的念头。

一个老农妇在临死前的几个小时对女儿说,她很高兴能死在夏天。女儿问她:为什么?——这处在弥留之际的老人回答说,她之所以高兴是因为冬天挖掘墓穴很难,而夏天容易些。

[①] 不详。或为阿曼伊斯兰教长赛义德-本-艾哈迈德(?—1811)。

老妇人的死是轻松的,因为她在最后时刻想的不是自己,而是别人。

创造爱的事业——则对于你来说就将没有死亡。

不论你做什么事,都要准备永远抛弃它。那么你来试一试——看你能不能甩开这些事。那时你就会把你的事做得更好。
对死亡的期待会教你这样做。

当你来到世上的时候,你在哭,而周围的人都在欢笑;而你应当这样做:当你即将辞世的时候,要让所有的人都哭泣,而你自己却在微笑。(印度格言)

五 铭记死亡有助于灵魂的生活

从人们开始思考的时候起,他们就认识到,对人的道德生活影响最大的,莫过于对肉体的死亡铭记不忘。而执着的医术却荒谬地确定了一个使人摆脱死亡的目标,它教会人们寄希望于摆脱肉体的死亡和逃避有关肉体死亡的想法,并以此取消人们向往道德生活的根本动机。

为了让自己做一个好人,要经常提醒自己,你注定将很快死去。只要真切地想象到你正处在死亡的前夜,你肯定就不会狡诈,不会欺骗,不会撒谎,不会指责、谩骂、仇视他人,不会抢夺他人的东西。在死亡的前夜所能做的只不过是最简单的善事：帮助和安慰别人，对他们待之以爱。而这些永远都是亟待要做而极为快乐的事。因此想到死永远是好事，特别是当你误入歧途的时候。

当人们知道死亡即将来临的时候，他们会祷告，悔罪，为的是准备好带着纯洁的灵魂去见上帝。然而，实际上我们每一天都是在逐渐地走向死亡，每一分钟都可能完全死去。因此我们不要等到死亡来临时才做准备，而是在每一分钟都做好准备。

而做好死亡的准备——就是说要好好地生活。

正是因此，死亡一直停在人们的头顶，为的是让他们永远准备好死亡，而准备着死亡，就会好好地生活。

死亡是最无可怀疑的，它将会光顾我们所有的人。比起明天，比起白天之后的黑夜，比起夏天之后的冬天来，死亡是更为可信地必将到来。那么为什么我们为明天，为黑夜，为冬天都做好了准备，却没有准备好死亡呢？应当为它做好准备。而对死亡的准备工作只有一样——善的生活。生活得越好，对死的恐惧越少，死得越轻松。对于圣人来说没有死亡。

你将不得不很快就面对死亡！然而你仍旧不能摆脱虚伪的面目和种种的情欲，不能抛开尘世中外在事物对人有害的成见，不能与每一个人和睦相处。（马可·奥勒利乌斯）

如果你心存疑虑，不知如何行事，就想象一下你傍晚就要死去，那么你的疑虑就会立刻冰释：一切都会立刻明朗，什么是你的义务，什么是个人的欲望。

因为有了死，生命才变得庄严，变得有意义，有成效，充满喜悦。因为有了死，我们不能不做那在此生划定给我们的工作，因为考虑到死，便无法把心思用在任何其他的事情上。当你做这工作时，生活便会充满喜悦，没有了对死的恐惧，而这种恐惧会毒害那些活着却不考虑死亡的人们的生活。

要这样活着：仿佛你即刻就要与生活诀别，仿佛给你余下的时间是对你意外的赏赐。（马可·奥勒利乌斯）

既可永世长存，也可即夕而死。工作起来，仿佛你将永生不死，而与人相处，仿佛你即刻要死。

对死亡临近的意识告诉人们，要善于完成自己的事业。在所有的事业中只有一件是永远尽善尽美的：这就是在现时中爱的事业。

忘掉死亡和时时意识到死亡临近——这两种生活是两种根本不同的境界。一种近于动物，另一种近于神圣。

为了既生活又无痛苦，就应当寄希望于你以后的快乐。而当你以后衰老和死亡相继而来的时候，能有什么快乐的希望呢？那将是什么样的情景呢？是这样：不把自己的生活归于肉体的幸福，而归于灵魂的幸福，不为了更有学问，更富有，更荣耀，而为了越来越多地摆脱肉体——那时衰老和死亡就不会成为恐慌和痛苦，而是成为你所期望的东西。

六 死去

我们把生命的消失和死去的那几分钟或几小时称作死亡。首先，生命的消失并不取决于我们的意志；而其次，死去的过程却可由我们掌握：我们可以卑劣地死去，也可以和善地死去。应当尽力和善地死去。这对那留下来的人是必要的。

在人死去的那一刻，点燃着一支蜡烛，在这烛光下他曾读过一本充满焦虑、欺骗、苦涩和罪恶的书，此刻这蜡烛爆发出比以往任何时候都明亮的光，把以前隐没在黑暗中的一切都照亮给他看，然后噼啪响过，闪动了一下，便归于永久的寂灭。

正在死去的人很难理解所有充满生机的东西，但在这种情况下他会觉得，他之所以不明白，不仅是因为他的智力已经衰弱，还因为他明白了某些别的东西，这些东西是活着的人们所不明白也无法明白的，它们占据了他的整个心灵。

人们常常想，老年人的生活已无足轻重，他们不过是聊度残生而已。这种想法是不对的：人在垂暮之年却过着于人于己都极为珍贵、极为必要的生活。生命的价值与死亡的距离是成反比的。假如老年人和周围的人们都能明白这一点，一切都会变得更好。人最为珍贵的乃是死去的最后时刻。

在老之将至的时候，我要努力好好生活；当老之已至的时候，我要努力好好死去；要想好好死去，必须情愿死去。（塞内加）

我怕死吗？似乎是不怕，但是当死亡临近或者想到死的时候，我无法不感到恐慌，仿佛一个旅行者乘坐火车即将从极高的地方向大海跌落，或者乘坐气球升上极高空中时的感觉。人在死去的时候会懂得，在他身上所发生的事没什么了不起，成千上万的生命都会这样的，他只不过换了一种旅行方式而已，然而他在即将抵达这个转换地点的时候，却不能不感到恐慌。

生活中的一切看起来都非常简单；一切都连在一起，处于同一种秩序之中，互为阐释。而死亡却被看作一种完全特殊，与生活中所有简单明了、易于理解的事物相悖离的东西。因此，大多数人都尽量不去考虑死亡。这是一个大错误。应当反过来，把生命与死亡联系在一起，使生命具有死亡的一些庄严与神秘，使死亡具有一些生命的简单与明了。

14 死后

谁也不知道死是什么,然而,所有人都怕它,把它看作莫大的不幸……

一 肉体的死亡不是生命的终点,而只是一个转变

人们常问:"死后将是什么样?"这个问题的答案只有一个:肉体会腐烂,化为泥土,我们对这一点确信无疑。而那我们称之为灵魂的将会怎样,我们什么也说不出,因为问题关乎时间"将是怎样"。灵魂是超乎于时间之外的。灵魂不是过去,也不是将来。它只是现在的。没有灵魂,一切都不会存在。

当我们死去的时候,我们遇到的不过是下面两种情况之一:或者认为自己过渡到另一种个体生命,或者认为我们将不再是个体的生命,而是与上帝融合在一起。无论是哪一种情况——这两者都没什么可怕的。

死亡——是我们的肉体所发生的一个变化,最大的和最后的变化。我们过去和现在都经历着肉体的不断变化:我们曾经是一块光裸的肉团,后来变成吃奶的孩子,后来长出了头发、牙齿,后来掉牙——再长出新的,后来开始长胡子,后来头发开始变得花白,秃顶,所有这些变化我们都没有害怕过。

那我们为什么要害怕这最后一个变化呢?

因为谁也无法告诉我们,在这个变化之后将会发生什么事。但是,如果一个人到外地去,又不写信告诉我们他不在了,或者他在去到的那个地方过得不好,那我们谁也说不清他的情

况，只能说他杳无音讯。对于死者来说也是如此：我们知道，他们已不在我们中间了，但我们没有任何理由可以认为他们已消亡了，或者认为他们在离开我们之后情况很糟糕。我们既无法知道我们死后将会怎样，也无法知道我们出生之前是什么样，这就表明，我们没有被赋予知道这些事的能力，因为不必要知道。有一点我们是知道的，就是我们的生命不在于肉体的变化，而在于那活在这肉体中的事物——灵魂。而灵魂既无始也无终，因为它是唯一的存在。

"有两种说法可以选择：死亡就是意识的彻底毁灭和消失，或者按照传统的说法，死亡只是灵魂的一种变化，从一个地方迁移到另一个地方。如果死亡是意识的彻底毁灭，有如没有梦境的沉睡，那么死亡——无疑是一种幸福，因为，请每个人回忆一下他们在没有梦境的沉睡中度过的夜晚，并把它和他们所经历的——无论是在现实中还是在梦中——那些充满了惊恐、焦虑、希望破灭的日日夜夜相比较，我相信，任何人都不会找到多少比没有梦境的夜更幸福的白天和黑夜。所以说，如果死亡就是这样一种沉睡状态的话，则我至少会认为它是一种幸福。而如果说死亡是从一个世界向另一个世界的过渡，照这种说法，仿佛在我们之前那些已死去的哲人和圣人都待在那里，如果这种说法是真的，那么，难道还有比在那里与这些生灵共同相处更幸福的事吗？只要能到这样的地方去，我宁愿死一百次，而不是一次。

"所以说，法官们，你们大家都不必惧怕死亡，并且记住一点：对于善良的人来说，无论生还是死，都不是什么坏事。"

（摘自苏格拉底在法庭上的演讲[①]）

谁把灵魂的完善视为生命的意义所在，谁就不会相信死亡——不会相信这个完善的过程会中断。那不断完善的，不会消亡；它只是在转变。

死就是我们现在拥有的生命意识的停止。这种生命意识的停止——我可以在处于弥留之际的人们身上看到。但在那经历这意识的人的身上会发生什么呢？我不知道，也无法知道。

人们害怕死亡，希望活得尽可能长久。但如果死是一种不幸，那么过三十年死还是过三百年死，难道不是一样吗？一个被判处死刑的人，会因为他的同伴三天后被处死，而他过三十天被处死，而感到更高兴吗？

终将以死而结束的生命，也可以说无异于死。（斯科沃罗达）

每个人都觉得，他们并不是虚无之物，只在一定的时刻才被某些其他事物唤起生命。由此他坚信，死亡可以是他生命的终点，但绝对不是他存在的终点。（叔本华）

老年人会失去了有关近期经历的全部记忆。而记忆却能把不同时期只发生在一己之我的事连缀起来。在一个衰老的人身上，这个我，此在之我，是旧我完结、新我正在开始着的我。

[①] 苏格拉底是以"崇拜新神"和"毒害青年"的罪名被当局处死的（强迫服毒）。

你对自己的生命理解得越深刻，就越不会轻易地相信它会因死亡而毁灭。

我不相信任何一种现存的宗教，因此人们不会怀疑我盲目地服从某些惯例或教育的影响。但我在全部的生命历程之中，随时都在尽力地深入思考我们的生命法则。我在人类的历史中，在我个人的意识中，不断地探索它，我树立了一个不可动摇的信念，即，死是不存在的；生命不会是别的样子，它只能是永恒的；永无止境的完善就是生命的法则，我被赋予的任何一种才能，任何一种思想，任何一种追求，都应在实际中获得发展；我们拥有理想和追求，这些理想和追求远远超出了我们尘世生活的可能性；我们拥有这些，但却不能凭我们的感觉来透彻地了解它们的起因，这本身就证明，这些理想追求产生于尘世之外的领域，它们也只能在尘世之外得以实现；在尘世上，除了假象之外，无论什么都不会消亡，那种因为我们的肉体会死，就以为我们即将死去的想法，就等于说一个工人的死是因为他的工具用坏了。（朱塞佩·马志尼）

如果对永生的希望是一个骗局，那么很明显，谁是受骗者。不是那些卑鄙而愚昧的灵魂，这种宏伟的思想对他们来说是永远不可企及的，也不是那些糊涂而轻浮的人，他们总是满足于对此生充满情欲的梦想和对未来朦胧的梦想，也不是那些自私自利者，他们萎缩了良知，淡漠了思想，尤其淡漠了爱——这些人都不是。他们——总是正确的，他们处在有利的一方。而受骗者——就是所有那些过去和现在都受到众人敬重的伟大而神圣的人；受骗者就是那些为了某种比个人幸福更美好的事物而生活，把自己的一生都献给他人幸福的人。

受骗者都是这些人——甚至基督也白白地经受了苦难，要把自己的灵魂献给想象中的父，白白地以为父会以他的生命显示出来。各各他的全部悲剧不过是个错误：正确的一方，是那些在旁边嘲笑他、希望他死的人，如今正确的一方则是那些冷漠地看待与人类天性保持一致行为的人，这种行为被当成仿佛编造出来的故事一样。如果高级生命的精神行为只不过是巧妙杜撰出来的童话故事，那么有谁还会受到尊重，有谁还会得到信任呢？（帕克[①]）

二 肉体死亡所生变化的本质是人的头脑所无法理解的

我们常常尽力把死想象成迁移到某个地方，但这种想象最终还是使我们一无所得。死亡是无法想象的，正如上帝是无法想象的一样。我们所知道的有关死亡的一切，就是，死亡——像源自上帝的其他一切一样——是一种善。

人们会问：人死之后灵魂会怎样？这我们不知道，也无法知道。有一点是肯定的——这就是，如果你去往一个地方，你一定是从某个地方来的。你从何而来或者从谁而来，则也将去往你所来之处，或者归于所从来者。

---

① 蒂奥多尔·帕克（1810—1860），美国上帝一位论派神学家，著有《论基督教义的暂时内容和永恒内容》。

我不记得我出生前的任何事，因此我想，在我死后也不会记得现在的生活。如果死后仍有生命的话，那么它也是我无法想象的。

人的一生就是一系列他所无法理解，但却应该加以审视的变化。但对降生时所发生的这些变化的起点和在死亡时所发生的这些变化的终点——却无法审视。

在我看来重要的只是一点：要懂得，上帝在期待着我。而这一点在所有宗教和我的良知中都得到了鲜明的体现，因此我的任务就是习惯于满足上帝的一切期望，为此而全力以赴，并坚定信念，如果为了完成主人的旨意我尽了自己的努力，他就不会丢弃我，我就将得到我所应得的有益于我的东西。

谁也不知道死是什么，然而，所有人都怕它，把它看作莫大的不幸，尽管它也许是莫大的幸福。（柏拉图[①]）

如果我们相信，我们在生活中所遇到的一切，都是为我们的幸福而来的，那么我们就不能不相信，在我们死去时所发生的，也必定是我们的幸福。

任何人都不能以他知道存在着上帝和来生而自夸。我不能说，我确切无疑地知道上帝和我的永生是存在，但我应当说，

[①] 柏拉图（前427—前347），古希腊哲学家，苏格拉底的学生。

我感觉到上帝是存在的,我的我是永生的。这就是说,我对上帝和另一世界的信仰是与我的天性紧密相关的,这种信仰不可能脱离我而单独存在。(据康德)

人们问:人死后会怎样?对这个问题应当这样回答:如果你能实实在在不是用口,而是用心说:"无论在尘世还是在天堂,即无论在此生有限的时光中,还是在超乎时间的生命中,都听凭你的意志。"那么你就会明白,他的意志就是爱,至于死后将会怎样,你就没什么可考虑的了。

基督在死的时候说:"父啊,我将我的灵魂交在你手里。"如果谁不只是用口,而是用全部的心灵来说这话,那么这人就再也无所需求了。如果我的灵魂返回到它所从来者,那么对我的灵魂来说,它就只有变得最美好,而不能是别的。

三 死亡——就是解放

死亡——就是那个存放我们灵魂的器皿的毁坏。不应当把这个器皿与盛在其中的东西混为一谈。

在我们降生时,我们的灵魂就已被置于我们肉体的灵柩之中。这个灵柩——我们的肉体——逐渐地朽败,而我们的灵魂就一步一步地解放出来。当肉体依照那联结灵魂与肉体之物的

意志而死去时，灵魂就彻底解放了。（据赫拉克利特[①]）

如同蜡烛因燃烧而熔化，肉体的生命因灵魂的生命而消亡。肉体在灵魂之火上燃烧，当死亡到来时，它就完全烧尽了。死亡毁灭了肉体，如同建筑师在房屋造成时用完木料一样。

房屋——就是灵魂生命，木料——就是肉体。那建造成灵魂大厦的人，当他死去的时候，会因他肉体生命的木料被使用而感到高兴。

我们以为死亡就是生命的结束，这是因为我们把从出生到死亡的肉体生命当作了生命。这样理解生命，就等于说，池塘不是因水在池塘里形成的，池塘只是由岸边构成的，而假如水从池塘里漫溢出来，那原先在池塘里的水就不复存在了。

世上的一切都是生长，繁茂，再返回自己的根。返回自己的根，就意味着归于与天性相和谐的静寂。与天性和谐就意味着永恒；因此肉体的毁灭并无任何危险可言。[②]（老子）

我们确切地知道，当临死前最后的时刻灵魂本源离开肉体的时候，肉体将被那赋予它活力者所抛弃，并且不再与物质世界相分离，而是与之结合在一起。那么赋予肉体以生命的灵魂本源是转到另一个仍旧有限的生命形式中去，还是与那赋予它以生命的

[①] 赫拉克利特（约前530—前470），古希腊哲学家。
[②]《道德经》十六章有句："夫物芸芸，各复归其根。归根曰静，静曰复命，复命曰常，知常曰明。"此引文应是托氏的理解。

超乎时空的本源合为一体，我们一无所知，也无法得知。

一个人一生致力于克服自己的情欲，而他的肉体总是妨碍他这样做，那么他就不会不高兴从肉体中解放出来。死亡只能是一种解脱。其实，我们不只一次谈到的完善，就是指尽最大的可能使灵魂摆脱肉体，并习惯于使灵魂在肉体之外凝聚而自成一体；而死亡就促成了这种解放。那么一个人一生都试图这样生活，即尽可能摆脱肉体的控制，而当这种解放已接近完成时，他却对此抱有不满，这难道不是咄咄怪事吗？所以说，不管跟你们分手我是多么遗憾，你们是多么伤心，我不能不欢迎死亡的到来，因为我在生命的历程中所努力追求的终于得以实现。（引自苏格拉底与门徒们诀别时的谈话）

不相信永生的只是那不切实际地理解生活的人。

如果人只是肉体的生命，那么死亡就是某个微不足道的东西的终结，不值得为它惋惜。而如果人是灵魂的生命，并且灵魂只是暂时存在于肉体的话，则死亡不过是一种转变。

我们害怕死，只是因为我们把被分派劳动时所用的工具——肉体——当成了自我。而我们一旦学会把那使用工具者——灵魂——看作自我，就不会有恐惧之心了。把自己的肉体仅看作给你用来劳动的工具，则在死去的时刻只不过体验到一种不方便而已，就像一个工人失去用惯了的工具，而新的工具还没拿到时所感受到的那样。

人可以看到植物和动物是怎样出生、成长、壮大、繁殖，又怎样衰弱、败落、老朽和死亡的。

人在别人身上也看到了同样的过程，他知道自己的肉体也是如此，他知道，肉体是会衰老、朽败和死去的，像所有生长在世上的事物一样。

但除了他在其他生命和自己身上所看到的，每个人都知道自己身上还存在着某种东西，它不但不会朽败和衰老，相反，它生存得越久，就越健壮，越美好：即，每个人都知道自己还有着灵魂，而它不会遇到在肉体上所发生的情况。因此，只有对那不以灵魂为生，而只以肉体为生的人来说，死才是可怕的。

一个哲人谈到灵魂是不死的，有人问他："那么，到世界末日来临的时候，会怎么样呢？"他回答："为了使我的灵魂不死，不需要世界。"

灵魂并非像住在家里一样住在肉体里，而是像一个游子住在陌生人的栖身之所。（印度《古拉尔》[①]）

可以这样理解人的生命：即，它是在一个狭窄的长廊或者管道中行进，开始是宽敞而容易的，后来，随着它自身不断地膨胀，行进便越来越显得挤迫、艰难。在行进的过程中人越来越近地看清，那广大的空间就在前面，并且看到那些走在他前面的人不断地隐没消失在那个空间里。

[①]《古拉尔》，又名《蒂鲁古拉尔》，古代印度泰米尔语格言诗集，作者为蒂鲁瓦尔卢瓦尔。

当他感受着紧张和挤迫时,怎么能不希望尽快地到达这个空间呢?又怎么能害怕接近这个空间呢?

我们的生命越是成为灵魂的,我们就越是相信永生。随着我们的本性远离野蛮的动物性,我们的疑虑就将彻底消失。

未来神秘的面纱正在揭开,暗影正在消散,我们此刻已经感觉到我们的永生。(马蒂诺)

从假象理解生活的人,将永远从假象理解死亡。

知他人者——聪明,知自己者——开明。
战胜他人者——有力,战胜自己者——强大。
知道自己在死去时不会消亡者——永生。[①](老子)

四 生与死乃是生命在我们面前显现与消隐的界线

死和生——是两个界面。这两个界面的背后存在着某种同一的事物。

死也就是生。婴儿随着出生而进入一个新的世界,开始一种与在母腹中完全不同的生活。假如婴儿能够把他感受到的讲述出来的话,那么当他走出原来的生活时,他就会讲述出与一

---

① 原文见《道德经》第三十三章:"知人者智,自知者明。胜人者有力,自胜者强。知足者富,强行者有志。不失其所者久,死而不亡者寿。"

个人离开此生时同样的感受。

我无法摆脱这样的念头,即在我出生之前,我已经死了,死亡使我重新回到原来的状态中去。死去,然后是带着对前世回忆的再生——对这一过程我们称之为昏迷;当我们以新的器官醒来时,这些器官必须重新组合,即降生。(利希滕贝格)

可以把生命看作一场梦,而把死亡则看作觉醒。

人死去的时候,他们会到什么地方去呢?一定是到那些降生的人们所来的地方去。人从上帝而来,从我们的生命之父而来——任何生命的过去、现在和未来都属于他。人们就是到他那里去的。就是说,人在死的时候只能是回到他所从来的地方。

人离开家,工作,休息,吃饭,游玩,再工作,当他累了,就回家去了。

人的一生也是如此:人从上帝而来,劳动,吃苦,得到慰藉、喜悦,休息,当他经受了大量痛苦,便回到家去,回到他所出来的地方。

难道我们不是从某种状态再生到现世的吗?我们处在那种状态中对现世生活所了解的,还不如处在现世的状态中对来世知道得更多,所以现世之于来世,也正如前世之于现世。(利希滕贝格)

你来到了今生,自己却不知其所以然,但是你知道,你就是以你现在所成为的与众不同的我来的;后来你走啊,走啊,走过了一半,突然一下,不知是高兴还是害怕,就停住了,不想再移动脚步往前走,因为你已看不清前面的情况。但是,当时你同样也没有看清你来到的这个世界,而你仍旧来了。你走进了入口的门,却不想走出那出口的门了。你的一生正是这样:在肉体生命中你不断地往前走啊,走啊。你走着,匆忙地往前走,突然,你开始为你所一直做的事感到惋惜。当肉体死亡来临的时候,这个巨大的转变使你害怕。但你要知道,在你降生时也曾遇到过这样的巨大转变,而你并没有因此遇到什么坏事,相反,却遇到了至今你也不想与之分别的美好生活。

五 死亡使灵魂从个人的小圈子里解放出来

死亡——就是对个人片面性的解脱。

看来,整个世界的表现和大多数死者脸上安详的表情都是因这一点而决定的。

每一个善良的人在死去时一般都是安详而轻松的;但有准备的死,情愿而快乐的死——这就是那些舍弃自我、拒绝求生意愿并对它加以否定的人的优越之处。因为只有这样的人才不是表面上,而是真心地愿意死去,所以不需要,也不要求自己的个性继续存在。[①] (叔本华)

[①] 在校样上这段话旁边的空处有托尔斯泰的加注:"太好了!要让我改动也只能换掉几个字:把'拒绝求生意愿'换成'拒绝个体生命——并对它加以否定'。"

对万物的意识局限在单个人的肉体之中，因而它极力要拓宽这个界限。人生的前一半就在于此。人在自己一生的前一半中越来越喜爱其他事物和他人，即走出自己的界限，把自己的意识转到其他的生命上去。但无论他喜爱得多么广泛，他也不可能离开自己的圈子，而只有在死亡中才能看到打破这些界限的可能。经历了这些之后，死还有什么可怕的呢？死不过是某种毛虫变成蝴蝶的过程而已。我们现在就是毛虫：先是生出来，然后在蛹中昏睡。只有到另一种生命中我们才能意识到自己成了蝴蝶。

我们的肉体限制住了那我们称之为灵魂的神圣精神本源。这种限制正像一个容器使其中的液体或气体有了形状一样，它也给了这神圣的本源一个形状。当容器打碎时，则容器中的东西也不再具有原先的形状，而是四散开来。那么它是否会与其他东西合为一体呢？是否会获得另一种形状呢？我们对此一无所知，但我们确信，它失去了在原先限制中的形状，因为那限制它的东西破碎了。我们明白这个，但毫无可能知道那曾被限制的东西将会怎样。即，我们只知道，灵魂在死后会成为某种另外的形态，但这种形态是我们此生所无法推想的。

人们说："唯有能维持我个体存在的，才是真正的永生。"而我的个体生命就是那折磨着我、让我在现世中深恶痛绝、我在自己一生中都极力要逃避的那个东西。

如果人生是一场梦，而死亡就是觉醒，那么，若是我把自己看成有别于其他生命的单独生命,这就是一种梦境,我希望在死去的时候会从这种梦境中醒来。

只有在这种时候,你才会愿意死去:即,你因为与世人分离而疲惫,你感到了这种分离的可怕,感到了一种尽管不是因为与众人合为一体,而仅是因为走出现世孤独的牢狱的喜悦——在这个牢狱中你只是偶尔才跟那些迸发着爱的火花的人交往。那时你真想说:"我受够这个牢笼的苦了。让我和这个世界建立另外一种更合于我灵魂的关系吧。"我知道,死亡会使我达到这个目的。而人们为了安慰我,却向我保证说,我在那里将是单独一个人。

脚下是严寒的、坚硬的大地,周围是高耸的林木,头顶是阴沉的天空,当我脑子里产生种种想法时,感受到的总是自己的身体,但我知道,我是用全副身心来感受事物的,坚实而严寒的大地,林木、天空、我的身体、我的想法——都是偶然的,都不过是我的五种感官的产物,我的观念,由我所造的世界,所有这一切之所以成为这样,只是因为我就是世界的这样一个部分,而不是别的部分,即从这个世界分离出的我这一部分就是这样的。我知道,一旦我死去,这一切对我来说不会消失,但却会改变形状,正如舞台上所进行的转换那样:从树木山石变成宫殿塔楼等等。如果我不是完全消亡,而只是转换成另一种形式的生命,以区别于这个世界,则死亡在我身上造成的变化也是如此。那时整个世界对于那些仍然生存于其中的人来说,还是保留着原样,但对于我来说,它将改头换面。世界就是这样,而不是别的样子,只是因为我把自己看成这样的,而不是以其他生命形式来区别于这个世界。而生命区别于世界的形式是无穷无尽的。

六 死亡揭示了从前所无法理解的东西

不管什么人,他活得越久,生活对他揭示得就越多:过去所无法理解的渐渐变得清楚起来。这样直到死亡为止。而死亡则将人原来只是有望得知的一切都揭示了出来。

人在死去的时刻会得到某些启示。"啊,原来如此!"死者脸上的表情几乎总是这样告诉着人们。而我们留下来的人却无法看到他所得到启示的东西。对我们来说,这些启示将在以后,在我们的时刻到来时获悉。

在你活着的时候,所有知识都会逐渐对你揭示出来,就像在均匀的阶梯上一步一步均匀地前进。但死亡一旦到来,突然之间,或者是这个逐渐揭示的过程被打断,或者是知识的接受者再也看不到从前对他所揭示出的东西,因为他看到了某种新的,完全不同的东西。

那正在死去的,已部分进入永恒。看起来,正在死去的人是在灵柩中与我们对话。他告诉我们的,在我们心目中像是一种命令。我们在想象中几乎把他当作先知。显然，对于感觉到生命渐渐离去、坟墓正在开启的人来说，那些意味深长的话中所谈到的时刻已经到来了。他天性的实质必将显现。那存在于他身上的神圣本性将不再隐藏。（阿米尔）

一切不幸都会把构成我们生活基础的神圣的、永生的、有独立意义的事物揭示出来。照俗人们的说法，最大的不幸是死亡，而正是死亡向我们彻底揭示出我们真正的我。

15 生活即幸福

世界上只有一种幸福，我们所需要的也只是这种幸福。这种幸福是什么呢？就是爱的生活。

一 生活是人所能获得的至高之福

人的灵魂因肉体而与其他灵魂、与上帝相分离,而人的生活与幸福就在于使灵魂与它所分离的逐渐结合起来。这种结合的效果就是,灵魂在显现爱的过程中,一步一步摆脱肉体。因此,如果一个人明白,生活及生活的幸福就在于灵魂从肉体中的这种解脱,那么无论出现什么样的不幸、苦难和病痛,他的生活都不可能成为其他的样子,而只能是一种牢不可破的幸福。

生活,无论是什么样的,都是一种至高无上的幸福,如果我们说生活就是苦难,这只是与想象中的另一种更好的生活相比较而言,然而其实我们并不知道还有什么别的更好的生活,也不可能知道,因此,无论生活是什么样的,它都是我们所能获得的至高之福。

我们常常忽视现世的幸福,而是算计着在什么地方,什么时候能得到一种更大的幸福。但任何地方,任何时候都不会有更大的幸福,因为我们在生活中被赋予的就是一种伟大的幸福——这就是生活,更高的幸福并不存在,也不可能存在。

这个世界不是一个玩笑,也不是一个经受考验、向另一个更好的永恒世界过渡的场所,这个世界就是我们现在所生活的地方,是永恒的世界之一,它美好、快乐,我们不仅能够,而且应该尽最大的努力，为了与我们同在的和在我们之后仍将生活于其中的人，把它改造得更加美好，更加快乐。

不管命运之手是怎样的，对我们有利还是不利，只要生活的任何一个瞬间落到我们头上，我们就使它变得尽可能更美好，这既是一种生活艺术，也是理性生命的真正优越之处。（利希滕贝格）

人是不幸的，因为他不知道他是幸福的。（陀思妥耶夫斯基[①]）

二 真正的幸福就在现在，而不在"死后"的生活

在伪教义看来，现世的生活是一种苦难，而获得幸福只能到来世。

在真正的基督教义看来，生活的目的就是幸福，而这种幸福是在现在得到的。

真正的幸福永远在我们的掌握之中。它一直如影随形地跟随着善的生活。

如果天堂没有在你心中，你将永远无法走进它。（西里西亚的安杰勒斯）

[①] 陀思妥耶夫斯基（1821—1881），俄国伟大的作家。

不要相信这种说法,即,此生只是向另一个世界的过渡,我们只有在那里才能够过上好日子。这种说法是错误的。我们在此处,在现世中过的必定是好日子。为了在此处,在现世过上好日子,我们只能按照那差我们来者的吩咐去做。不要说,为了让你生活得好,首先要让大家都好好生活,让大家照上帝的旨意生活。这是不对的。你自己要照上帝的旨意生活,你自己要做出努力,那么你就将生活得好,而别人也想必不会因此生活得更坏,只能生活得更好。

人最常见也最有害的一种谬误是——认为他们不可能在现世得到他们所期望的所有幸福。

有人极力主张,现世是一个哭泣的受难场,是一个经受考验的地方等等,而另一个世界才是极乐世界,这种主张就仿佛是在证明,整个上帝的大千世界是美好的,或者说在整个上帝世界中的生活都是美好的,只是在某一段时间中的某一个地方除外,而这正是我们现在所生活的世界。奇异的偶然总是有的。——这难道不是对自己生活的意义和使命的一种误解吗?

要过真正的生活——你将会有许多敌对者,但这些敌对者将会爱你的。生活会带给你许多不幸,但正因为这些不幸,你将是幸福的,你将感激生活,并让自己感激他人。(据陀思妥耶夫斯基)

三 真正的幸福只能在自身找到

上帝进入我的体内并通过我寻找幸福。那么上帝的幸福会是什么样呢?只能是成为他自己。(西里西亚的安杰勒斯)

一个哲人说过:我为了寻求幸福,走遍了整个大地。我夜以继日不知疲倦地寻找这幸福。有一次,当我已完全丧失了找到它的希望时,我内心的一个声音对我说:这种幸福就在你自身。我听从了这个声音,于是找到了真正的、始终不渝的幸福。

当上帝和整个世界都在你心中时,你还想要什么样的幸福呢?(西里西亚的安杰勒斯)

如果人们除了其灵魂之外,不把任何东西称作自身之物的话,他们就是幸福的。如果他们生活在贪婪的、凶恶的、仇恨他们的人中间,他们是幸福的——任何人也无法抢走他们的幸福。(佛教教义)

人们生活得越好,他们对别人的怨言就越少。而一个人生活得越糟,那么他更多地不满的不是自己,而是别人。

哲人事事求己,而蠢人事事求人。[①](孔子)

四 真正的生活是灵魂的生活

我们动物的我的所谓幸福与不幸,是非我们的意志所能左右的;但我们灵魂的我的幸福却只取决于我们自己:取决于我们是否顺从上帝的意志。

所有被人们视为不幸的、苦难的东西,都源于一个原因,即他们把自己的肉身——伊万,彼得,玛芙拉,娜达丽雅——视为真实的存在,于是肉身就成为全部永恒的真实存在显现的唯一范围。这是一种假象,就好比一幅画,其中人物形象不过是由树枝所形成的轮廓所构成的。一个人既可以把由肉体所限定的东西视为自我,也可以把肉体所无法限定的一切视为自我。在前一种情况下,他就是奴隶,软弱无力,饱受各种苦难;在后一种情况下,他是自由而全能的,不知苦难为何物。

凡把灵魂之我从肉体解脱出来的过程视为自己生活的人,不会感到不满足,因为他所期望的总是能得以实现。

人的生活,充满了肉体的痛苦,每一秒钟都可能被中断,为了使这种生活避免成为一种极为愚蠢的玩笑,必须使它具有

---

① 原文见《论语·卫灵公》:"君子求诸己,小人求诸人。"

这样的性质,即,让生活的意义不因任何痛苦以及生命的长短而受到损害。

这种性质就存在于人的生活之中。这种性质就是越来越明确地觉悟到上帝在我心中。

"我的轭是容易负的。"① 人们负起并不相称的重轭,被套上他们无力拉动的大车。不相称的轭和无力拉动的车,就自己肉体的幸福或者他人的肉体幸福而言,这就是生活。但幸福只在于越来越明确地觉悟到上帝在我心中。只有这种轭对于人们是恰如其分的,这也是耶稣所教导的。尝试一下,你们就会知道,它是怎样的轻便灵活。谁想知道我所说的是不是真话,就请按照我所说的——耶稣教导过的——去试着做一做。

肉体把灵魂生命分裂为个体,而人的生活就在于使灵魂与它意识到和自己相统一的事物不断重新结合起来。无论人对此理解还是不理解,愿意还是不愿意,这种重新结合都会借助于我们称之为人类生活的形态而实现。一些人不理解也不想完成自己的使命,另一些人能够理解并希望依照这使命而生活,这两种人的差别就在于,那不理解这使命的人,其生活就是连绵不断的痛苦,而那理解并完成着自己使命的人,其生活则是连绵不断的、持续增长的幸福。

前者就好像一只桀骜不驯的牲畜,被主人拴着脖子拉往那

---

① 见《马太福音》11:28—30,耶稣说:"凡劳苦担重担的人,可以到我这里来,我就使你们得安息。我心里柔和谦卑,你们当负我的轭,学我的样式,这样,你们心里就必得享安息。因为我的轭是容易的,我的担子是轻省的。"

个它可以得到庇护和喂养的避难所。牲畜极力要抗拒主人，但只是徒劳地勒紧自己的脖子找罪受。它还是被拉到那所有同伴都去的地方。

而后者却好像明白主人意志的牲畜，自由而高兴地去往主人领去的地方，它知道，遵循主人的意志只能得到善，而不会是别的。

生活的任务就是追求完善，能够明确地证明这一点的，莫过于这种现象，即，在自我完善之外，无论你有什么期望，或者尽管你的期望得到了充分的满足，或者很快就得到满足，你的这种期望的魅力立刻就会化为泡影。

只有一点不会失去令人喜悦的意义：对自己趋向完善的意识。

只有这种不断的完善才能带来真正的、不断增长的喜悦。在这条道路上每走一步你都会获得应分的奖赏，并且立刻就会得到。而任何东西也不会剥夺这种奖赏。

凡把自己的生活视为灵魂完善的人，不会感到不满足，因为他所期望的永远在他的掌握之中。(帕斯卡)

获得幸福，拥有永恒的生命，融入上帝之中，获得拯救——所有这些都归结为一点：就是完成生活的任务。这种幸福是不断增长的，人会越来越强烈和深刻地感受到拥有天堂的快乐。这种幸福是无边无际的，因为这种幸福就是自由，全能，一切愿望的充分满足。(阿米尔)

五 什么是真正的幸福

真正的幸福并不多。只有当幸福和善属于所有人,这才是真正的幸福和善。

因此,只能期望得到符合于共同幸福的东西。谁为了这个目的而努力——谁就将为自己赢得幸福。(马可·奥勒利乌斯)

人的处境会有恶与善的混合,但人的追求却不会发生这样的混淆:或者追求恶——遵循自己动物生命的意志,或者追求善——遵循上帝的意志。一个人只要热衷于前一种追求,就无法不成为不幸的人;而热衷于后一种追求,则对于这样的人来说就没有不幸——一切都是幸福。

一个人为另一个人所做的事不能称为真正的善。真正的善只能是自己为自己而做。即真正的善只存在于为灵魂的生活中,而不是为肉体的生活中。

所谓行善——就是这样唯一的一件事:我们说到它时可以肯定地说,它肯定有益于我们。

人总是祈求别人或者上帝来帮助他;但除了他自己,任何外力都无法帮助他,因为能够帮助他的,只有他自己善的生活。而能够这样做的也只有他自己。

人们说,对于做善事的人来说,无须奖赏。如果你认为奖赏并不在你心中,而且不是在此刻,只是在未来——那么这种想法没错。但如果没有奖赏,如果善不给人带来快乐,那么人就不会去做善事。问题仅在于,要明白什么是真正的奖赏。真正的奖赏不是外在的,也不在未来,而是在内心和现在:即在于改善自己的灵魂。这既是奖赏,也是做善事的动机所在。

一个过着圣徒生活的人在为人们祈祷神时说:"啊,神啊!给恶人仁慈吧,因为善人已得到你的仁慈:他们的日子是好的,因为他们是善的。"(萨迪)

六 幸福在爱中

为了实实在在做一个幸福的人,要做的只有一件事:爱,爱所有人——无论善良的还是邪恶的。爱无止境,则幸福也无止境。

我们不知道,也无法知道,我们为了什么而生活。因此,假如我们没有对幸福的期望,也就不必知道我们应该做什么和不应该做什么。只要我们明白自己的生活不在于动物性,而在于肉体中的灵魂,则这种期望就会确切地告诉我们应该怎样做。这就是我们的灵魂所期望的,并在爱中赋予我们的幸福。

无论是谁,为自己做善事从来不知疲倦。然而最大的善——乃是做灵魂想做的事，而只有一点是灵魂始终所期望的：付出爱和得到爱。只要把自己的生活看作弘扬爱心，你就会发现，你的幸福永远在你的掌握之中。

如果有一个善的上帝，并且是他创造了世界，那么他创造这世界的时候，一定会让所有的人——就是说我们及他人——都生活得美好。

而如果没有上帝，那就让我们自己来为过上好日子而努力。而为了过上好日子，我们应当彼此相爱，应当使爱永存。而上帝就是爱，所以说，我们还是回到了上帝身边来。

我的生命不是我的，因此生活的目的不可能只是我的幸福：它的目的只能是那赋予我生命的派遣者所期望的。而他所期望的是大家都彼此相爱，这也就是我的和众人共有的幸福之所在。

人由生到死都想为自己得到善，如果他能在善所存在的地方——对上帝和他人的爱——中去寻找的话，那么他所期望的，就是他已被赋予的。

人们说："还要去爱那些让我们厌恶的人——这是为什么？"因为这就是快乐。你亲身去体验一下，就会知道，这是不是真的。

除了以后的死亡，别无所有，除了现在完成应做的事，别无所有！这看起来是何等的乏味和可怕啊！然而只要把这个过程——即在现世以爱心越来越紧密地与他人和上帝结合——看作你的生活，那么你原来感到可怕的东西，就会变成美好的、永不破灭的幸福。

七 人越是为肉体而生，他所失去的真正的幸福就越多

一些人在权势中寻找幸福，另一些人在求知中、在学问中寻找幸福，还有人在享乐中寻找幸福。这三种欲望的类型形成了三种不同的学派，所有哲学家都会遵从这三者中的某一种。而那些比其他人更接近真正哲学的人明白，人类共同的幸福——作为所有人追求的对象——不应存在于任何一种只由部分人可以掌握的部分事物中，这些事物一旦被分割开来，则属于某人的那一部分不仅不会给他以享乐，反而会因缺少了其他的部分而带来悲伤。他们明白，真正的幸福应该是能被所有人同时享有的，它不会减弱，不会引起嫉妒，任何人也不会不由自主地失去它。这种幸福是存在的：这种幸福就在爱之中。（帕斯卡）

不幸的人啊，你为什么惊恐不安？你寻找幸福，不知奔向哪里，而幸福就在你心中。在别人的家门口没什么可找的。如果幸福不在你心中，那么它就不会在任何地方。幸福就在你心中，你能爱所有人就是幸福——爱所有人，不是出于什么原因，也不为什么目的，而为的是不以个人的生活为生，而是以所有

人的生活为生。在尘世中寻找幸福，却不享用我们自己灵魂中的幸福，这就等于你身边就流淌着清澈的山泉，你却去远方一个污浊的泥潭去取水。（据西里西亚的安杰勒斯）

如果你期望真正的幸福，那么不要到遥远的地方，不要到财富和荣誉中去寻找，不要向别人去乞求，为了幸福，既不要卑躬屈膝，也不要与他人争斗。用这些方式只能捞到财物、官衔和各种不必要的东西，而人人需要的真正幸福，从别人那里是得不到的，既买不到，也讨不来，即使得到了也徒劳无益。你要知道，一切你自己无法获取的东西，都不是你的，你也不需要。而你所需要的，你随时都能自己获取——只要用你善的生活。

是的，幸福既不靠天，也不靠地——只靠我们自己。

世界上只有一种幸福，我们所需要的也只是这种幸福。这种幸福是什么呢？就是爱的生活。得到这种幸福是很容易的。（据斯科沃罗达）

感谢上帝，他使人们所需的不难获得，而使那难以获得的不为人们所需要。人最需要的是幸福，而成为幸福的人是最容易不过的事。感谢上帝！

天国就在我们身上。幸福就在我们心中，只要我们心中有爱。

假如是否能够获得人人需要的幸福有赖于地点、时间、财力、健康、肉体的力量，那么将会出现怎样的情形？假如幸福只有在美国，或者只有在耶路撒冷，或者只有在所罗门时代，或者只有在皇宫里，或者只有在财富中，或者只有在官职中，或者只有在隐修中，或者只有在学问中，或者只有在健康中，或者只有在美丽的容颜中才有，那将会出现怎样的情形呢？

难道所有的人只能生活在美国或者耶路撒冷，或者只能生活在同一个时代吗？假如幸福只依赖于财富，或者健康的身体，或者美丽的容颜，这样一来，所有的穷人，所有的老人，所有的病人，所有长相丑陋的人就都成了不幸的人。难道说上帝剥夺了所有这些人的幸福吗？感谢上帝，不！他使那难以得到的不为人们所需要，他既没有把幸福置于财富之中，也没有把它置于官职和身体的美丽之中。幸福只存在于一个地方——善的生活，而这是每个人都可以自己把握的。（据格里高利·斯科沃罗达）

人们祷告上帝帮助他们得到他们身外的东西，而上帝总是愿意用存在于他们本身的东西来帮助他们。实际上人们是希望上帝帮助他们得到他们想要的东西，而非上帝想要的东西。

祈求上帝，希望有人给我们此生带来幸福，这种做法就好比一个人坐在泉眼之上，却请求这个泉眼帮他解除焦渴。请弯下腰来自己饮吧。我们已被赋予充分的幸福。应该做的只是善于享用这幸福。

如果你把不为你所掌握的东西视为幸福，你就将永远不幸。要明白，幸福只存在于为你所掌握的事物之中，你的幸福是任何人也无法从你身上夺走的。

八 人感受不到生活的幸福，只是在他不遵循生活法则的时候

如果你问，为什么会有恶？我将以问作答：为什么会有生活？恶的存在是为了生活的存在。生活就体现在摆脱恶的过程之中。

如果生活在你看来不是一种巨大的、凭空得到的喜悦，这只是因为你的理性犯了目的性错误。

如果人们的生活并不快乐，其原因只有一个，他们没有完成为使生活成为一连串快乐而必须要做的事。

当我们说我们的生活不是幸福的时候，在这些话的背后一定是在暗示说，我们知道还有某种比生活更大的幸福。而实际上我们并不知道，也不可能知道任何比生活更大的幸福。因此，如果我们感到生活不是幸福，那么过错绝不在生活，而在我们自己。

如果有人说，他在做善事的时候并不感到幸福，那么这只能说明，被他当作善的东西，并不是善。

要懂得并记住，如果一个人是不幸的，过错只在于他自己。人只有在想要得到他无法得到的东西时，才是不幸的；如果他希望拥有的，是他能够拥有的，这时他就是幸福的。

那么什么是人希望拥有却无法永远拥有，什么又是人希望

拥有，也能够永远拥有的东西呢？

人无法永远拥有的，是不为他所掌握、不属于他的东西，是那些别人能够从他那里夺走的东西——这些都是人无法掌握的，人所能够掌握的，只有那不会被任何人、任何事物所损害的东西。

前者是指所有世俗的幸福：财富，名誉，健康。后者是指我们的灵魂，我们灵魂的完善过程。我们所能掌握的，恰好是那些对于我们的幸福来说必不可少的东西，因为任何东西、任何世俗幸福都不会带来真正的幸福，它们所带来的永远只是假象。能带来真正幸福的，只有我们在走向灵魂完善的路上所做出的努力，而这些努力是随时都由我们来掌握的。

我们所受到的对待正如一个慈祥的父亲对自己的孩子一样。没给我们的只是那些不能给我们带来幸福的东西。而所有我们需要的，都已给了我们。（爱比克泰德）

人弄坏了自己的胃，总是抱怨伙食。那对生活不满的人也是如此。

我们没有任何权利对此生不满。如果我们觉得生活让我们不满，这只能说明我们有了对自己不满的理由而已。

一个人偏离了道路，走到挡住去路的一条河边坐下来，心里说，那个差他来的人骗了他，他手足无措地待在河边，陷入了绝望，便纵身投进河里，咒骂了那差他来的人几声，便死去了，但他却不想知道，就在他迷失了的那条路上处处都有桥梁和为行人准备的休憩场所。那在唯一真正的生活之路上迷失方向的人也是如此。他们对生活不满，常常毁害自己，原因只是他们偏离了正路，又不想承认自己的错误。

不要把对人生意义的疑惑和费解看成某种高尚的事，也不要把它看成某种悲剧性的事。人对生活意义的疑惑，就好比一个人来到一个"好书阅读会"时产生的疑惑。这人既不仔细倾听，也不明白人们读的是什么，他无谓地待在全神贯注的人们中间，这时他所产生的疑惑既不高尚，也没什么悲剧性可言，而只是某种愚蠢、可笑而可怜的东西。

一个人本不习惯于奢华，但一个偶然的机会使他过上了奢华的生活，他出于在人们心目中提高自己身份的目的，而故意做出样子，表示他早已习惯奢华，不仅对此不表示惊奇，反而视若等闲。同样的情形也发生在那缺少理性的人身上，他们把对生命喜悦的藐视看作高尚世界观的标志，故意装出他们已厌倦了生活的样子，向别人显示他们可以设想出某种好得多的生活。

从前有一个好心人，想尽可能多地为人们做善事，便开始琢磨怎么做才能不使任何人受委屈，让每一个人都受益。要想人人有份地施舍你的善心，那就不要想该给谁和谁更应该得到，否则你就无法让所有人感到平等——那些得不到的就会说："为什么给了他们，而不给我们？"

后来这个好心人想出了一个主意，在人来人往的地方建了一座客栈，客栈里置办齐了所有能让人们感到舒适和高兴的设施。这个好心人在客栈里造好了暖和的客房,上好的炉灶,木柴,灯烛,仓房里装满了各种粮食,地窖里储藏着蔬菜,还备有各种水果、饮料,床,被褥,里外的服装,靴子,把尽可能多的东西都准备好。好心人做完这一切之后就离开了,等着看结果怎么样。

于是陆续有些善良的人来借住,吃点东西,喝点水,住上一夜,要不就待上一两天,或者个把星期。有时谁需要就拿些衣服、靴子。完了就收拾好,保持来之前的样子,以便别的旅客接着再用,走的时候心里直感激那个不知名的好心人。

但有一次来了一伙大胆而粗鲁的恶人。这一下,他们随心所欲地抢光了店里所有的东西,而为了这些财物起了纷争。开始是互相谩骂,接下来就是拳脚相见,直至互相争抢,故意地毁坏财物,只要别人拿不到就好。一直闹到把所有东西都毁坏完,这时,他们才感到又冷又饿,又开始互相埋怨起来,接着就骂起这客栈的主人来,嫌他为什么搞得这么糟糕,连看门的人也不安排一个,准备的东西又这么少,为什么把形形色色的坏人都放了进来。而另一些人则说根本没什么主人,这客栈本身就造得不好。

这些人离开了客栈,又冷,又饿,怒气冲冲,只是一味地彼此骂着这个客栈和建造它的主人。

当世上的人们不为灵魂,而只为肉体而生的时候,他们也是这样做的,他们毁坏着自己和他人的生活,却不知自责,只知互相指责,如果他们承认上帝,就连上帝一起指责,如果不承认上帝,而认为世界是自我建造的,那么就指责这个世界。

九 只有遵循生活的法则才会给人带来幸福

应当做一个永远快乐的人。如果快乐不见了，就要找一找，看你错在哪里。

如果一个人对自己的处境不满，他可以用两种方法来改变它：或者来改善自己的生活条件，或者来改善自己灵魂的状况。前者不是随时都可做到的，后者则永远随他自己掌握。（爱默生）

在我看来，人应当把做一个幸福而知足的人确立为自己的第一原则。应当为自己的恶行和不满情绪感到羞愧，应当懂得，如果在我身上或心中有什么不对劲，我不必把这些告诉别人，不必抱怨，而应尽快地努力纠正那出了问题的部分。

遵循上帝的法则——即能够带来最高幸福的爱的法则，在任何处境中都可以做到。

我们所有人在此生之中都好像未被驯化的马，被套上笼头，戴上夹板，驾上车辕。一开始还在挣扎，想要为了自己、凭着自己的意愿生活，试图拉断车辕，挣脱套索，但是搞得筋疲力尽，却无法逃脱。而只有当你筋疲力尽，忘掉自己的意愿，服从那最高意志，开始拉车的时候，你才会找到安宁和幸福。

上帝的意志在任何情况下都可以实现，不管我是否去完成它；但我是做这种意志的敌对者，来剥夺自己参与这个过程应得的幸福，还是做它的引导者，使它进入我的内心，使它以爱的形式尽量充满我的内心世界，以它为生并感受牢不可破的幸福——这些都取决于我自己。

"所有劳苦的和背负重担的人，都到我这里来吧，我要使你们得安息。因为我的轭是容易负的，我的担子是轻的。"基督的教义中这样说。[①] 这些话的意思是，一个人无论感到多么艰难，无论有什么样的悲哀、什么样的不幸落到他的头上，只要他明白，并在心中接受这种教义：即生活和生活的幸福，就在于，让灵魂与那被肉体分离的东西——其他人的灵魂、上帝——相结合，那么他所感受到的苦难转瞬间就会化为乌有。人只要把自己的生活看作以爱与所有生命、与上帝相结合，那么他的生活立刻就会由苦难变为幸福。

---

① 见《马太福音》11：28。

图书在版编目(CIP)数据

托尔斯泰谈幸福/(俄)列夫·托尔斯泰著;王志耕译.—北京:商务印书馆,2016(2018.3重印)
ISBN 978-7-100-11673-2

Ⅰ.①托… Ⅱ.①托…②王… Ⅲ.①幸福-通俗读物 Ⅳ.①B82-49

中国版本图书馆 CIP 数据核字(2015)第248717号

权利保留,侵权必究。

托尔斯泰谈幸福

〔俄〕列夫·托尔斯泰　著
王志耕　译

商 务 印 书 馆 出 版
(北京王府井大街36号　邮政编码100710)
商 务 印 书 馆 发 行
山东临沂新华印刷物流集团印制
ISBN 978-7-100-11673-2

| 2016年1月第1版 | 开本787×1092　1/32 |
| 2018年3月第2次印刷 | 印张8.75　插页8 |

定价:43.00元